家中少塑料 家人多健康

[法] 索菲亚·努希尔 著
安丽静欣 译

中国轻工业出版社

图书在版编目（CIP）数据

家中少塑料，家人多健康 /（法）索菲亚·努希尔著；安丽静欣译. —北京：中国轻工业出版社，2024.6

ISBN 978-7-5184-2806-9

Ⅰ.①家… Ⅱ.①索… ②安… Ⅲ.①塑料垃圾—垃圾处理—普及读物 Ⅳ.①X705-49

中国版本图书馆CIP数据核字（2019）第264506号

审图号：GS京（2023）2083号

责任编辑：江 娟
文字编辑：杨 璐 责任终审：劳国强 设计制作：锋尚设计
策划编辑：江 娟 责任校对：晋 洁 责任监印：张 可

出版发行：中国轻工业出版社（北京鲁谷东街5号，邮编：100040）
印 刷：艺堂印刷（天津）有限公司
经 销：各地新华书店
版 次：2024年6月第1版第1次印刷
开 本：720×1000 1/16 印张：10
字 数：100千字
书 号：ISBN 978-7-5184-2806-9 定价：58.00元
邮购电话：010-85119873
发行电话：010-85119832 010-85119912
网 址：http://www.chlip.com.cn
Email：club@chlip.com.cn

191328S6X101ZYW

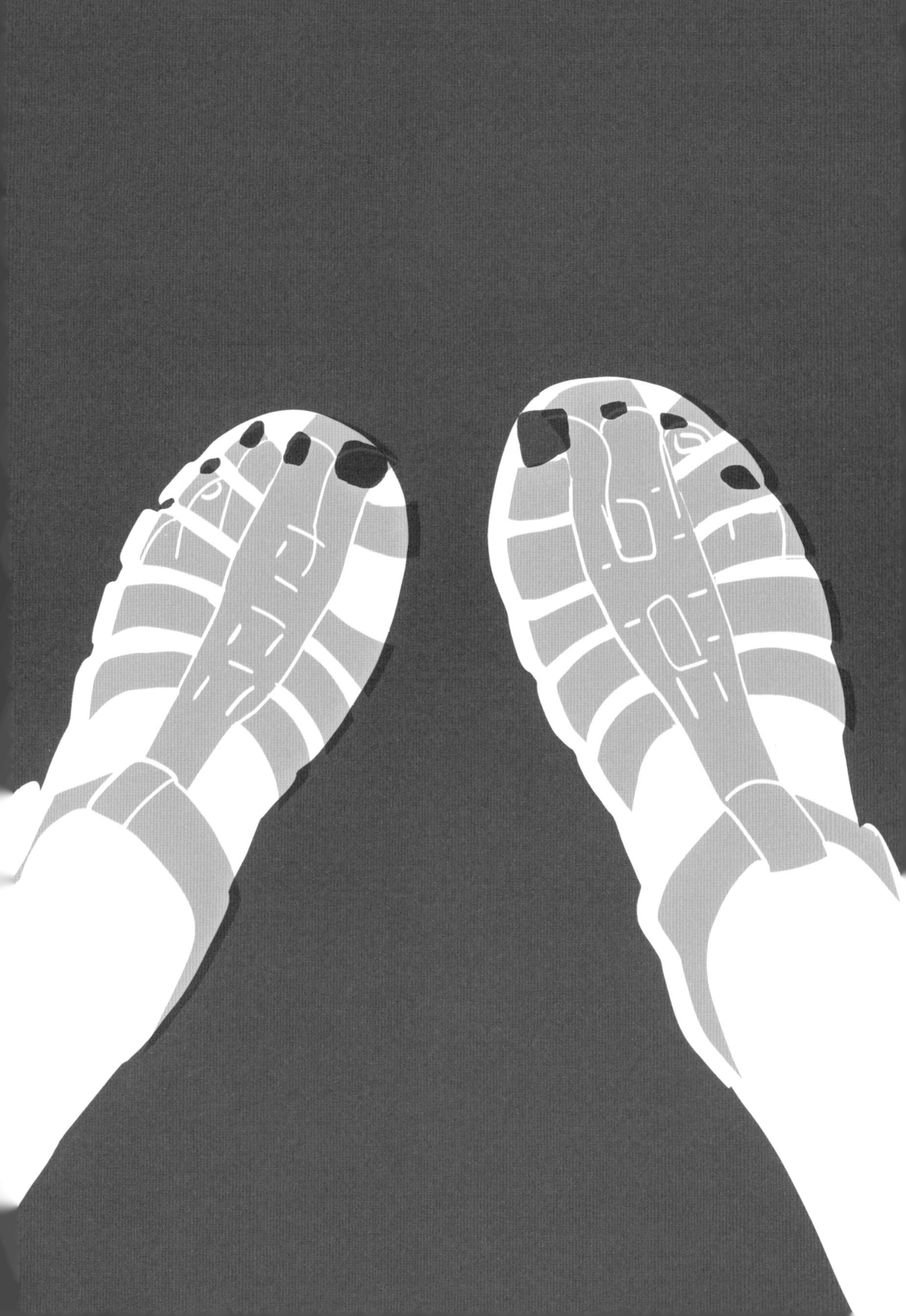

目录

前言
为什么我决定对塑料说“不”

一个星期三的早上，睡眼惺忪的我坐在装满热茶的马克杯前，听到自动装卸垃圾车轰隆隆驶近的声音。猛然惊醒：**我忘记把垃圾箱推出去了！**而且，忘记的不是随便哪个垃圾箱，而是蓝色的那个；是清洁工每半个月才来清理一次的那个；是每次都塞到满得快要溢出来的那个；是装纸板、报纸、塑料这些所谓“可回收”垃圾的那个；是无论如何也不能忘记推出去的那个。否则，在接下来的两周里会是个让人抓狂的大麻烦……**穿着睡衣，嘴里不停地埋怨着自己，我赶紧把这个关键的垃圾箱拖到人行道上，但为时已晚。**

于是我尽量不引人注意地把垃圾箱拖到隔壁那条街上，放在一栋房子的大门前，那里现在有两个一样的垃圾箱了。没被清理工发现，我默默松了口气，同时又自觉可笑。我在这一天才意识到，如果因为一次疏忽就会造成很大的麻烦，我们这个五口之家产生的垃圾可能占据了太多的空间。

我们生活中的包装会不会太多了？

采购回来的第二天，我又想起这堆垃圾，有饼干盒、塑料桶、小袋子、吸塑包装盒、纸板箱，以及各种瓶瓶罐罐……如此多的包装正是我每周拎着四个大购物袋去超市闲逛的成果。于是捶着自己酸痛的老腰，我意识到和前一天相同的事实：我走入了极端，我被包装压垮，失去了基本的常识……

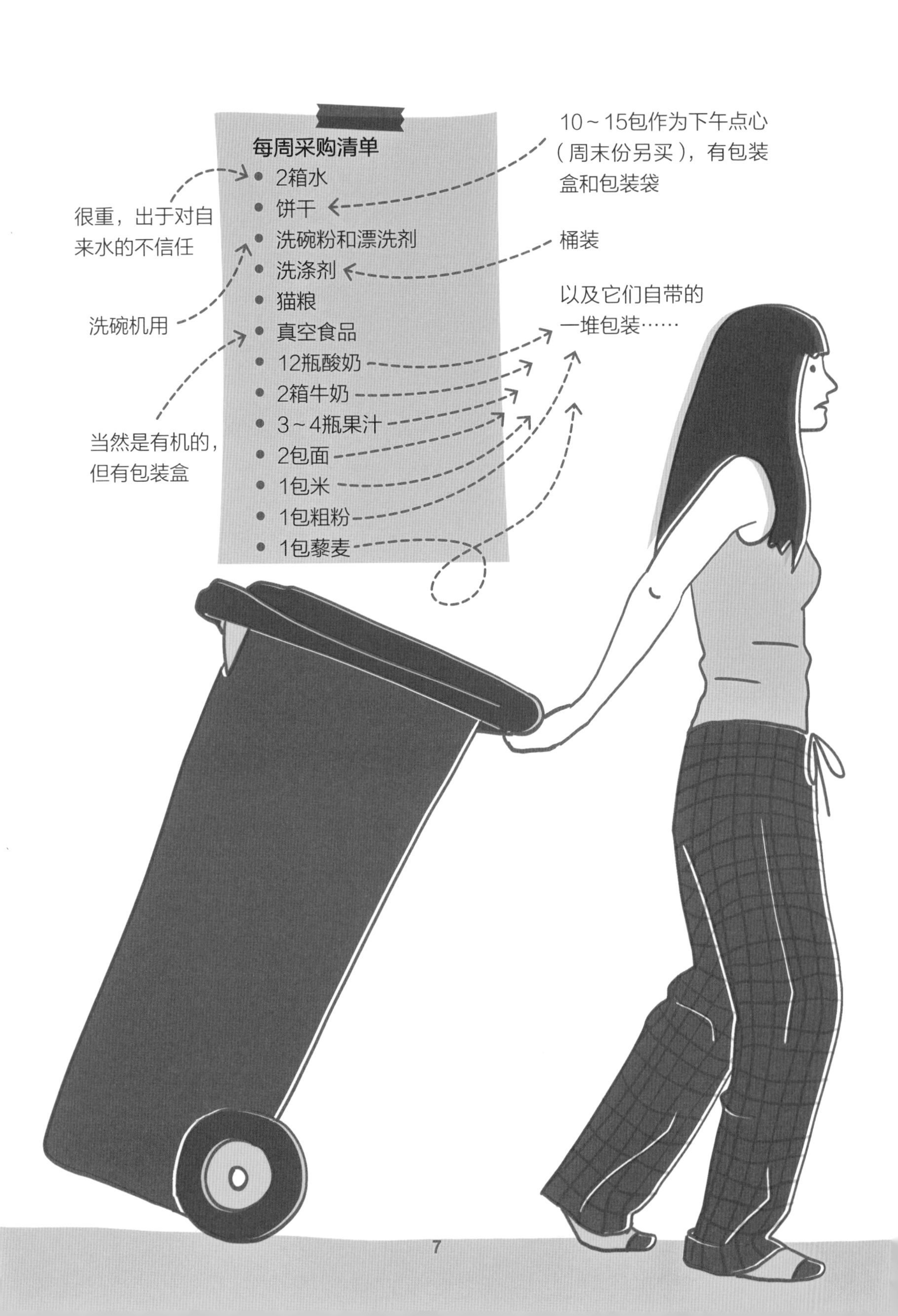
每周采购清单
2箱水
饼干
洗碗粉和漂洗剂
洗涤剂
猫粮
真空食品
12瓶酸奶
2箱牛奶
3～4瓶果汁
2包面
1包米
1包粗粉
1包藜麦
很重，出于对自来水的不信任
洗碗机用
当然是有机的，但有包装盒
10～15包作为下午点心（周末份另买），有包装盒和包装袋
桶装
以及它们自带的一堆包装……

不论是取字面义还是引申义，这都很沉重。我的橱柜里塞满小袋子，几乎都是塑料的。但其实我并不像一些人那样有什么特别的囤积癖，他们总怕少些什么。我只是一位家里有三个年龄在4～15岁的贪吃小伙子的母亲……我住在一座小城的远郊，每天去街边商店购物在这里是不可能实现的。至少对一部分采购而言，我依赖于超市和我的车。这些数量超出理性范围的瓶瓶罐罐可能就是这样产生的。所以解决五个人一周的口粮就能使我把橱柜塞满包装吗?

几天后，我偶然看到一条新闻：**今后可能会在所有人的血液中检测出塑料成分，**不分国家地区，甚至是在婴儿体内！这些环绕着我们，人人都了解其对环境所造成污染的塑料，会狡猾地使我们慢慢中毒。不仅是从此被禁用的双酚A，其他和塑料有关的物质也可能会以某种方式被吸入、食用或通过皮肤毛孔进入体内。我向我那个有点脏的蓝色垃圾箱还有里面的包装投去一种全新的目光。那些我们已经吃掉食物的包装，还有我们用来洗漱或洗衣服的产品的包装。这个气味难闻的垃圾箱装满了我们冒失购物的结果。

于是我决定重新夺回掌控权，首先要让自己了解更多信息，然后换掉生活中的两三件小物。照顾孩子（午餐、作业和日常活动）和工作（我为面向大众读者的杂志工作，涉及从经济到儿童文学的不同领域）各占据我一半精力。但我对某些流程做出调整：不再进行每周一次的大型采购，而是利用碎片时间增加购物频率；更换购物清单和橱柜内部（既包括内容也包括容器）；并且和丈夫一起重拾做饭的乐趣。

三个月后，当街道清洁工经过时，那个出了名的蓝色垃圾箱只装了2/3。好吧，说不上狂喜，但也算是个鼓舞人心的开始。我搜索信息，又是读，又是听，又是看，了解了很多这种被称为塑料的神奇材料的历史，也意识到人类对于掌控自己发明之物所带来后果的无能为力。

我也重新夺回在消费上的主导地位，这可不是件小事。我的三个儿子也开始对购物方式展开思考。在这场小小的改革中，我获得那些同样希望生活得更健康，减少塑料垃圾的亲朋好友的大力帮助。对于替换那些我们已经发现（或者怀疑）具有危害性的产品和包装，一些指南和公众号为我们开辟出无数种途径。

所有在日常生活中学到的知识、做出的改变，我都在这里一一呈现。我力求发现随处可见的塑料带来的风险，努力找出消除风险的简单方法。有时只需购买另一种产品，有时无需换掉造成问题的产品，不再购买就好了。后文还有一些可以学习的小妙招。它们都很简单，因为我既没时间也没能力成为一名“化学家”。我测试了朋友们提供的、还有《生活垃圾零排放》（*zéro déchet*）上的方法，这本书销量的增加正表明大众环保意识的觉醒。之前我对小苏打或椰子油的用法一无所知，但后来我采用了这些更加节省时间、并且对全家人都具有吸引力的解决办法。不要尝试类似用花园里摘的常青藤做洗衣液这种确实环保但有危险的方法，用散装出售的没有包装的固体香波就可以了！

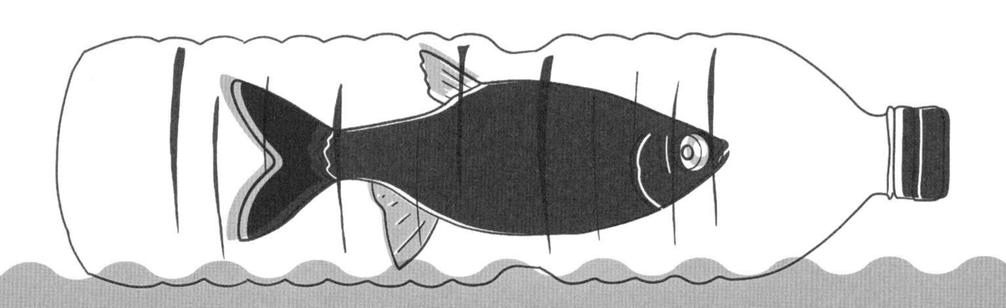

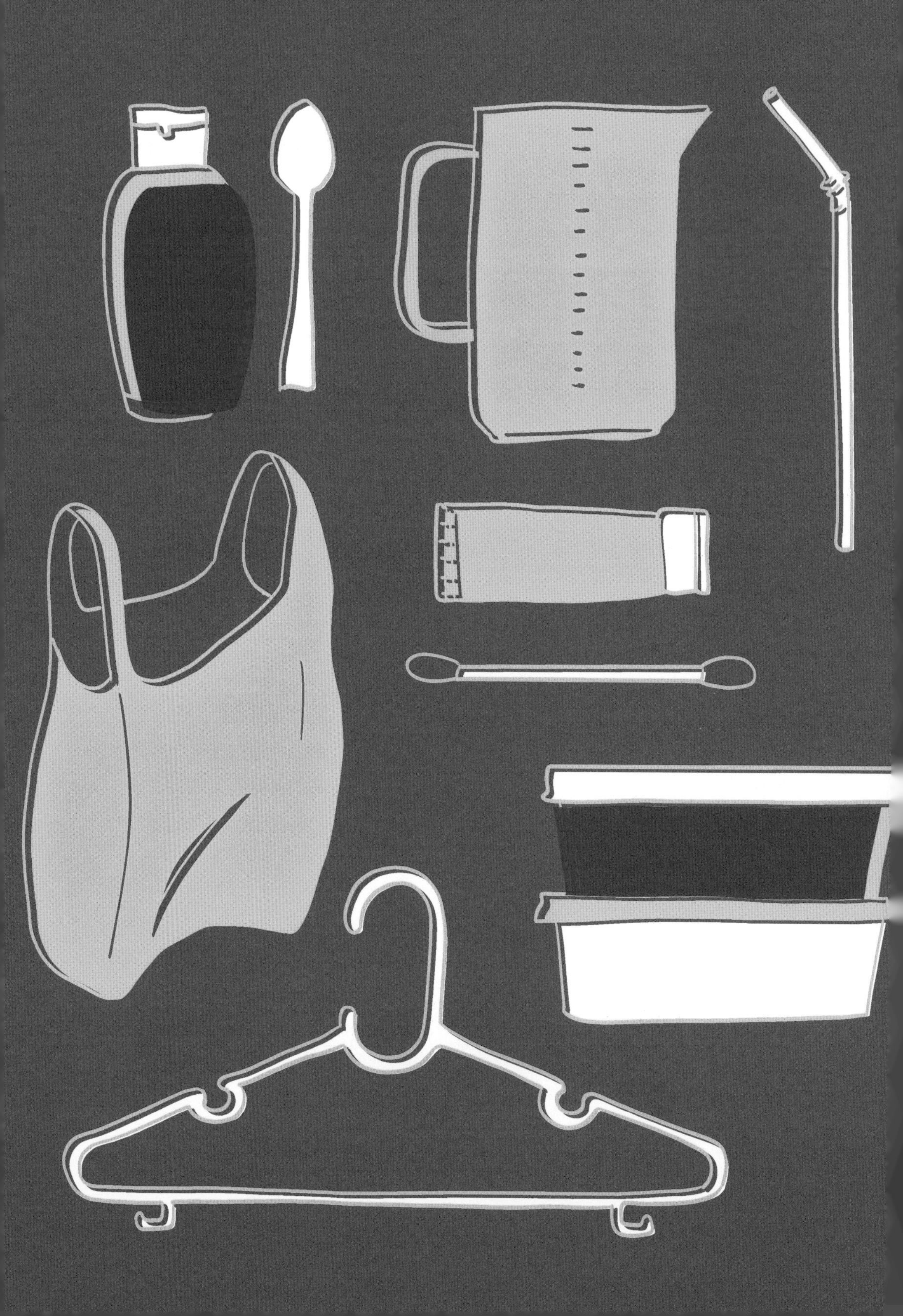

塑料，无处不在

20世纪的材料之王

罗兰·巴特（Roland Barthes）在《神话学》（*Mythologies*）（1957）中将塑料称为“神奇的材料”。但塑料并不是某一种单一的材料，而是以多种形式存在的。

一个塑料化的世界

在日常生活中，各种形式的塑料随处可见。比如，当你套上一件衣服时，你会考虑它是不是合成的吗？你知道自己穿的是聚酯还是聚酰胺吗？后者更有名，我们通常称之为尼龙。和它一样，一些材料的名字为人们所熟悉，以至于取代了物品的名称，比如用黑胶（乙烯基）代称唱片，用聚苯乙烯指代包装，或者用特氟龙代指不粘锅。

无论如何，所有这些物品都有一个共同点：石油制品。

变成塑料的石油不可分解

在自然界中，塑料的降解十分缓慢。

它们会变成什么？即使塑料造成的污染如此严重，使得科学家长期以来花费大量时间研究塑料和生物之间的关系，我们依旧无法得到准确答案。然而我们知道，就像鱼类或鸟类吞食更大的碎片一样，一些微小的动物也会侵占或者吞食部分微小的碎片。

塑料要用几百年的时间才能从我们的眼前"消失"，也就是说先变成小的碎片，然后变成微型碎片，最后变成纳米颗粒，被埋进地下或海洋。

至于原因，让我们回顾塑料的生产以便更好地理解……

塑料的生产

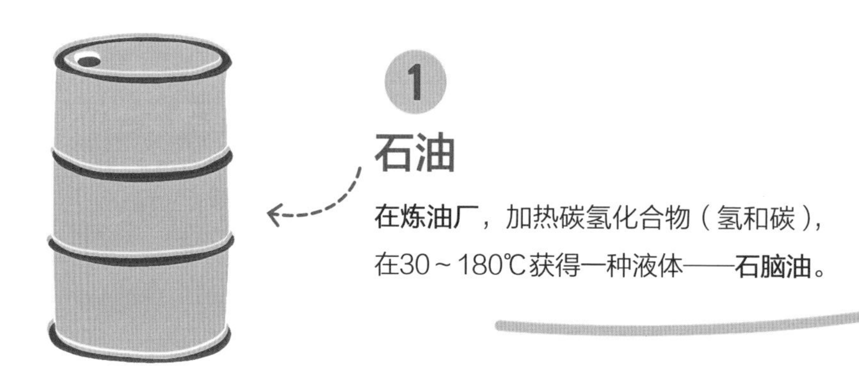

1

石油

在炼油厂，加热碳氢化合物（氢和碳），

在30～180℃获得一种液体——**石脑油**。

4 塑料

所以塑料是一种混合物：由碳氢化合物和抗性非常强的化学产品混合而成，需要几百年的时间才能分解，即变成非常细小的颗粒。

塑料通常被分成两大家族：

➡**热塑性的**，显然是最常用的，它遇热会软化，很容易变形（比如瓶子和吸塑包装）；

➡**热固性的**，非常结实（比如用来制造头盔），加工完成后不可变形。

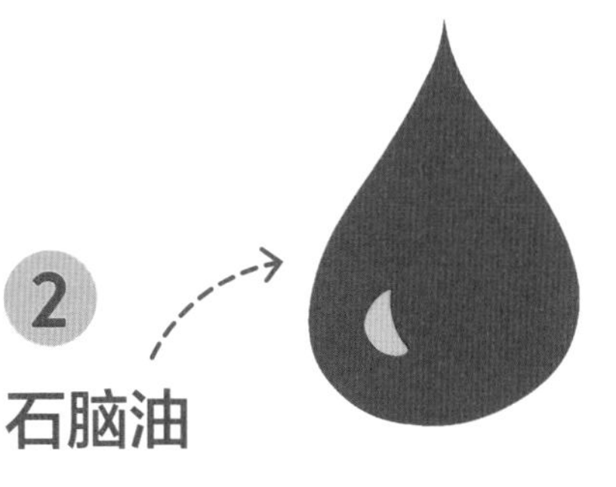

2 石脑油

在石油化工厂，进行水汽法烃裂解。烃类分子被分解以获得较小分子（例如乙烯），然后组成聚合物链（例如聚乙烯）。我们也可以从自然界天然、可降解的成分中获取**聚合物**，比如淀粉或者纤维素。

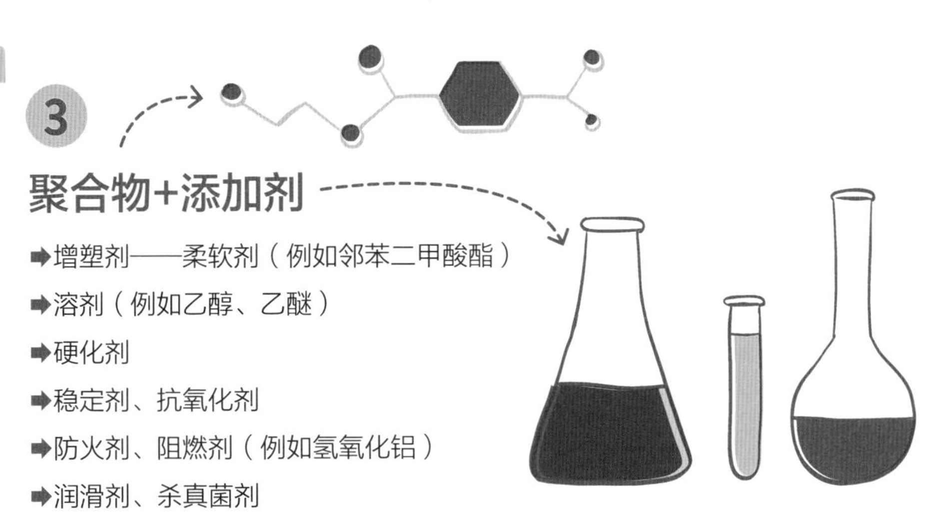

3 聚合物+添加剂

➡增塑剂——柔软剂（例如邻苯二甲酸酯）

➡溶剂（例如乙醇、乙醚）

➡硬化剂

➡稳定剂、抗氧化剂

➡防火剂、阻燃剂（例如氢氧化铝）

➡润滑剂、杀真菌剂

➡色素、着色剂

只是读这些名字，你就会猜到这些**添加剂**可能是对人体不友好的。正是它们被添加到聚合物中，将其特性赋予不同种类的塑料。比如乙烯+氯=聚氯乙烯，乙烯+苯=聚苯乙烯。在温度的作用下与油脂接触，或者仅仅因为没有被完全“固定”，一些成分可能会“移”向它所包装的食物或化妆品中，或者扩散到空气中，如果是浴帘或者聚氯乙烯（PVC）材质的充气玩具等，它们便会被吸入、食用或者通过皮肤进入人体。

塑料简史

塑料有各种各样的优点

不同于陶器或瓷器，塑料耐撞击；不同于木材，塑料具有可塑性；不同于金属，塑料具有弹性。这种材料轻便、可塑、生产成本低，凭借其可以变成所有日常用品形状的能力为人们所接受。此外，从词源学角度，“塑料”来自希腊语*plassein*，意思是“可变形的”。

它使众多领域得以发展

因为具备所有这些优点，塑料为人们所接受。无数人类活动的发生和/或发展都归功于塑料。最早的塑料不是以碳氢化合物，而是以纤维素为原料，使人们能够生产出赛璐珞胶片，促进摄影以及后来电影的发展。之后，酚醛树脂作为第一种完全合成的塑料，绝缘隔热，使电器变得更安全。

联合国表示：
“当前面临的挑战是艰巨的。自20世纪50年代以来，塑料的生产规模远超其他材料。”

“塑料不是某种物品，而是一种材料”

这是我竖起食指，向我4岁大的儿子给出的学究式回答。他提了一个非常简单的问题：“妈妈，什么是塑料？”比他大一点的哥哥回答说：“是你泡澡时玩的鸭子。”更大一点的哥哥补充道：“是我的手机。”我总结道：“是你刚刚吃过的酸奶杯。”就这样，我们终于把他给弄晕了。

20世纪60、70年代的材料之王

伴随这些技术功效而来的，是从20世纪60、70年代开始的社会变革。塑料使那些原本易碎或价格昂贵的物品在中产阶级中普及，在行为上带来两点巨大改变。首先，修理得越来越少：塑料如此便宜，可以重新购买；其次，不再持续使用，而是（“为了更换”）扔掉买新的。在广告的刺激下，人们对不断更新的多彩物品充满欲望。**购物不再是出于必要，而变成一种消遣。**

数据

有12万人供职于法国的塑料加工业：其中将近一半在包装业，20%在制造业，10%在汽车业，年营业额超过300亿。

资料来源：法国塑料加工业联合会。

从20世纪50年代起，有将近90亿吨塑料被生产出来，产生大约63亿吨垃圾，其中绝大部分进入垃圾场或自然中。

资料来源：《科学进展》（*Science Advances*）2017。

塑料大事纪

➡**1870年**：从一种称为纤维素的有机物中研发出赛璐珞。

➡**1907年**：发明出第一种百分百合成塑料，酚醛树脂。

➡**1935年**：研发出尼龙线（合成丝）。

➡**1941年**：制造出PET（聚对苯二甲酸乙二酯），后被用于瓶子的生产。

➡**20世纪50年代**：全球塑料产量超过百万吨。

➡**1957年**：孟山都公司（Monsanto Company）建造塑料轮廓的“未来之屋”。此后十年内作为未来的象征，在迪士尼乐园展出。

➡**20世纪60年代**：美国生产的塑料的10%被用于包装。

➡**20世纪70年代**：塑料投入包装的比例上升至25%。美国首次尝试禁止食物和饮料的一次性包装（威斯康星州）。

➡**20世纪90年代**：每2.5秒就有一场特百惠聚会*在世界的某个角落举行。

资料来源：《塑料星球》（*Plastic Planet*）。

* 注：特百惠是一个塑料保鲜容器生产厂家，特百惠聚会是厂家的一种销售方式。

一种日常依赖

在今天，没有塑料的生活几乎是不可能的，除非变成苦行者。从牙刷到个人电脑还有汽车方向盘，我数了数自己每天用到的塑料产品的数量，结果至少有50件，还不算那些可能含有塑料却不为我们所知的东西。

2015年产量

3.8亿吨。

资料来源:《科学进展》（*Science Advances*）。

我能搞定……	有些棘手……
我的牙刷	汽车仪表盘
随行杯	汽车儿童安全座椅
沐浴露和洗发水	家长和孩子的电脑
马桶座圈	固定电话和手机
门把手	高保真音响组合
电视	便携式音箱
合成面料的衣物	聚氯乙烯（PVC）双层玻璃窗
某些玩具	室内遮帘和室外遮阳板
购物袋	市政府提供的垃圾箱
食物容器	阳伞
厨房用具	浇水管
文具（直尺、角尺、量角器、圆规）	笔
眼镜	淋浴器喷头和软管
信箱	浴室防滑垫

（续表）

我能搞定……	有些棘手……
大门 百叶窗 屋顶的隔热材料……	浴帘 一次性隐形眼镜 抽水马桶水箱 熨斗 洗衣机、洗碗机、燃气灶、冰箱…… 灯具开关 我儿子的架子鼓 他的发光画板 自行车 球 网球拍 橡皮蹼套和泳镜 运动鞋……

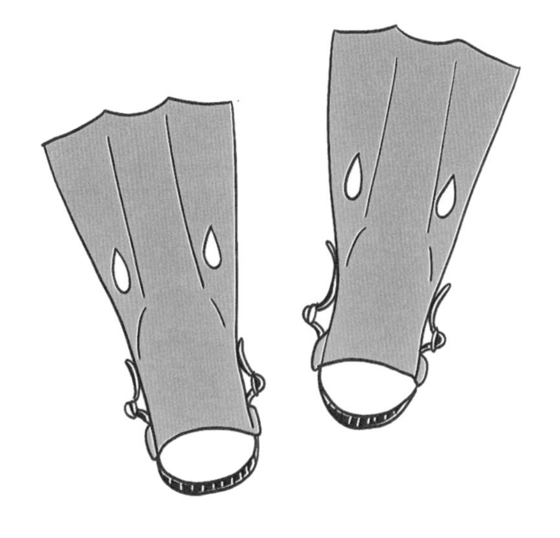

21世纪的挑战：减少塑料生产

准备好行动了吗？

前三名：

美洲、日本和欧盟是世界上人均制造塑料包装垃圾最多的三个地区。

2018年夏天，《星期日报》（*Le Journal du dimanche*）用一整期报道“塑料战争”，头版显示“战争”一触即发。据欧洲晴雨表（*Eurobaromètre*）*的一项民间测验显示，如今有87%的欧洲人认为自己与塑料对环境造成的影响息息相关，92%的欧洲人认为有必要采取措施抵制一次性塑料产品。这很好，但良好的意愿并不是最近才有的。

生产集团的阻挠

从20世纪60年代起，人们就意识到垃圾所引起的问题，尤其是对海洋动物的风险，甚至在美国引起对一次性产品的征税，但都不了了之。塑料生产集团总能成功地使这些计划落空。他们清晰地列出一条条理由，根据这些理由，在污染方面，每个个体都应对他所购买的产品负责。农产食品加工企业家和塑料生产集团还争相强调：对于逐年生产出来的数额巨大的塑料所产生的污染，他们没有任何责任，而应由消费者进行正确的分类。

对此，我们可以在名为“清洁行动”的网站上找到各种有趣的信息。这个网站由一场反对“违章垃圾”的运动而得名（“违章垃圾”是指塑料或其他被不讲道德的人随地丢弃的垃圾）。

* 注：欧洲晴雨表是一个长期跟踪欧洲各国对欧盟民意的调查。

这场运动由发展与环境协会领导，成员包括可口可乐、哈瑞宝、喜力、达能水业等。2016年，Citeo公司（前身是环保包装公司，清洁假日合作企业）宣布记录6万吨违章垃圾（相当于6个埃菲尔铁塔的重量）。然而，2017年，根据清洁行动（曾用名清洁假期），这个数据突然超过31万吨（相当于31个埃菲尔铁塔的重量）！哇哦，一年时间里增长了4倍的无公民意识行为！要么是因为公民变得越来越没有责任感了，要么是有人试图让他们承担了远超他们能力范围的责任。

联合国表示：

“私营部门必须创新，采用反映其产品下游影响责任的商业模式。”

不可思议的产量

一家像可口可乐这样的公司，每年的产量超过1200亿（是的，以亿为单位）瓶（也就是每秒4000瓶）。

可口可乐旗下品牌包括雪碧、美汁源和芬达等，20世纪70年代选择由玻璃瓶装过渡到塑料瓶装。**玻璃押瓶，这样一个合理的制度就此终结。**但押瓶意味着瓶子的回收和清洗，需要一定的成本。在2018年9月播放的一期《现金调查》*（*Cash Investigation*）节目中，阿尔森·达尼（Arsen Darney）接受了艾丽丝·吕赛（Élise Lucet）的访问，解释说在将近50年前，他应公司要求撰写过一份报告，特别比较了玻璃和塑料对环境的影响。**他的结论是：只要被重复使用15次以上，玻璃对环境的影响可达到最小。**尽管这份报告的结论如此，可口可乐仍旧选择取消玻璃瓶，发展塑料瓶。这家公司此后也以在投资回收再利用方面的迟疑而出名，即便如今它采取完全相反的立场。

超过60个国家
已经发布旨在减少塑料污染的政策。

期待的理由？

联合国通过2018年6月的环境日引发世界舆论关注，强调提倡停止生产一次性产品的举措。同时也明确表示**“全球塑料生产在未来10～15年内仍会迅猛增长”**。

经销商和企业家发表声明：每个人都保证动用一切手段增加可回收利用塑料在其产品中的比例。法国生态转型与团结部国务秘书布龙·波尔森（Brune Poirson）明确表示，到2025年，所有塑料将被全部回收利用，这听起来十分有魄力。准确地说，人们讨论的是对塑料的“再加工”（包括焚化，这更容易实现）。

---

* 注：《现金调查》是一档法国的电视节目。

突然冒出一些简单的想法：对不可回收塑料瓶征税、重新推行押瓶制度、在全国范围内统一垃圾箱颜色、增设回收点、支持无包装销售……

持续施压

一些像法国塑料袭击协会这样的组织，会定期呼吁消费者在巨型自选商场的收银台拆掉他们所购买商品的无用包装。因为在增加可回收利用的声明和许诺之外，有必要牢记问题的关键所在：世界范围内对塑料的消费仍在增长。加利福尼亚大学（University of California）的一项研究表明，1950—2015年间塑料产量的一半是在过去13年内完成的。

然而，缩减产量是企业家很少提起甚至绝口不提的一种必要手段。

一些国家成功在垃圾方面实现了“倒退”（英国、爱尔兰、西班牙或爱沙尼亚的人均垃圾制造量有所下降），但法国尚未成功。政府和企业家仍需付出巨大努力以扭转趋势。

塑料对环境的损害

“如果以当前的趋势发展下去，2050年海洋中塑料的数量将多于鱼类。”

——联合国秘书长安东尼奥·古特雷斯（António Guterres）

本书插图系原文插图

我们将引言部分留给联合国秘书长安东尼奥·古特雷斯（António Guterres），以及他在2018年6月世界环境日之际所传递的信息：

“我们的世界正遭受有害塑料垃圾的入侵。如果以当前的趋势继续发展下去，2050年海洋中塑料的数量将多于鱼类……每年全世界人口丢弃的垃圾数量足以绕地球4圈。至少有800万吨的塑料最终流入海洋，相当于每分钟一辆装满的垃圾车，造成100万只海鸟和10万头海洋哺乳动物的死亡。”

联合国表示：

全世界90亿吨塑料垃圾中只有9%被回收利用，大多数最终堆积在垃圾填埋场或流入环境中。

陆地和海洋之间的塑料

法国每年产生将近350万吨的塑料垃圾，根据欧洲塑料制造商协会的说法，其中只有1/4被回收利用。剩余部分最终进入焚化炉（约占40%），超过1/3被送到垃圾场。

垃圾场，隐约可见的小山

法国每年有上万吨违章垃圾被倾倒进河流、海边、树林或路旁，尽管这种行为毫无疑问是违法的。

每年有

800万~1200万吨

塑料被倾倒进海洋。

海洋早已超负荷

近50年来，有上百万吨塑料垃圾堆积在海洋里。成吨的塑料在水中无法溶解，它们漂浮在水中，然后在海浪、温度和阳光的作用下分散成越来越小、越来越轻的碎片。

聚焦地中海

地中海的面积占全球水域的1%，但其中塑料含量占微塑料总量的7%，浓度是海洋的4倍。

资料来源：世界自然基金会（WWF）。

塑料大洲

这种堆积的结果，是形成了名副其实的“塑料大洲”，准确地说有5个，分别位于印度洋、南北太平洋和南北大西洋。人们所说的“第八大洲”*地处北太平洋，在2008年面积比法国领土稍大一些，如今已增长了4～6倍。

塑料侵占了上千平方千米的场地。绝大多数情况下，这些碎片是肉眼看不见的，是流动的微小元素：有直径几毫米的微塑料，甚至是纳米颗粒。它们悬浮在水中，直到很深的深处。几十亿微小的碎片，其中一部分在鱼腹中被发现，深度超过海平面以下1000米。

---

* 注：在夏威夷海岸与北美洲海岸之间出现了一个“太平洋垃圾大板块”，被称之为世界“第八大洲”。

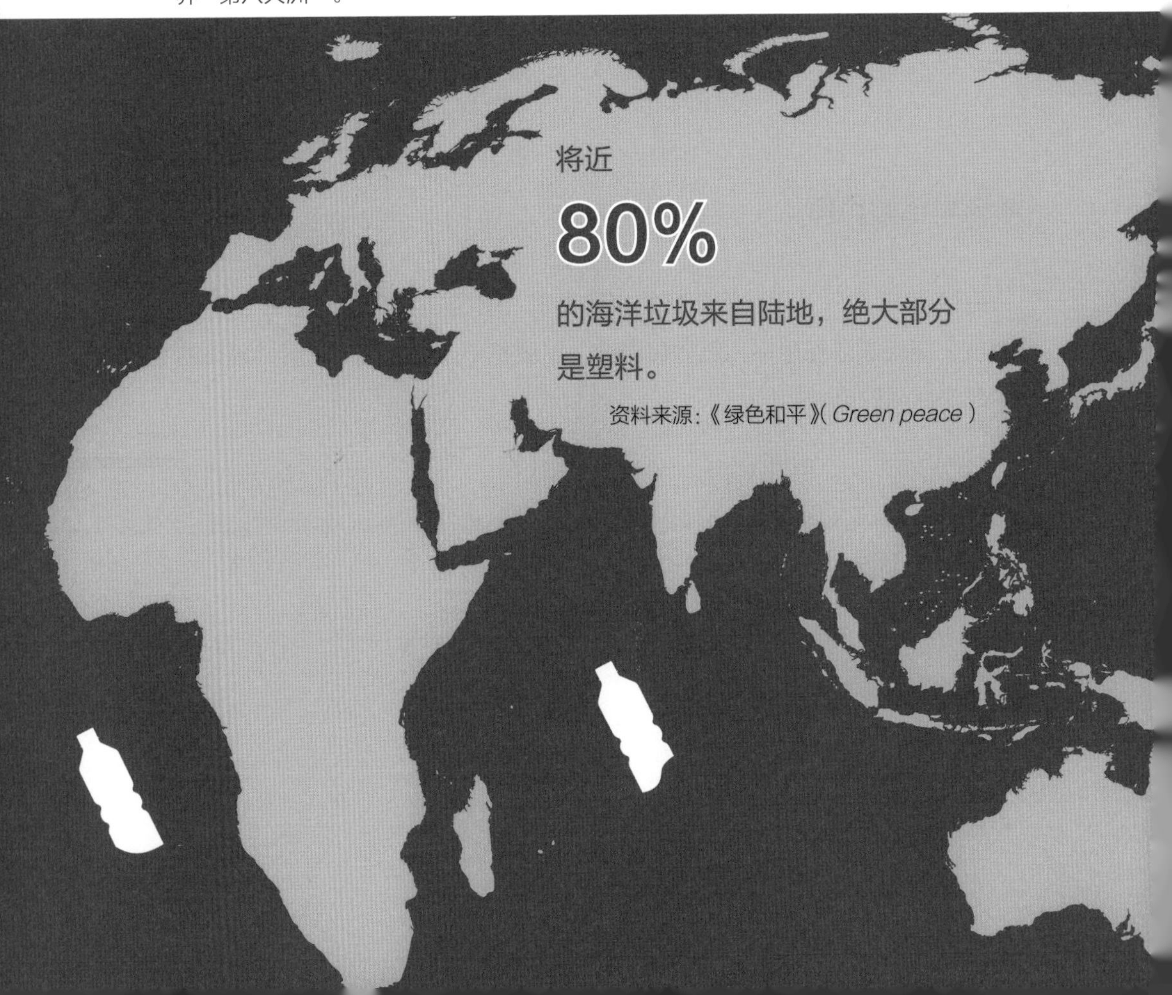

流失的塑料颗粒

2017年，欧洲塑料制造商协会发表了一份题为“*Operation Clean Sweap*”（“清洁扫除行动”）的报告。在这份报告中，塑料生产集团承认他们在塑料颗粒流失中的责任。这些非常小的颗粒是一种原料，将在工厂被加工成各种形状。

从装在集装箱里用货轮运输到工厂加工，再到储存，过程中有大量颗粒流失，最终分散在河流里，之后进入海洋。数量之大无可计数。塑料生产集团主张用“良好举措”减少流失，比如定期清理场地，或者判断在海洋运输过程中增加流失风险的气象条件。

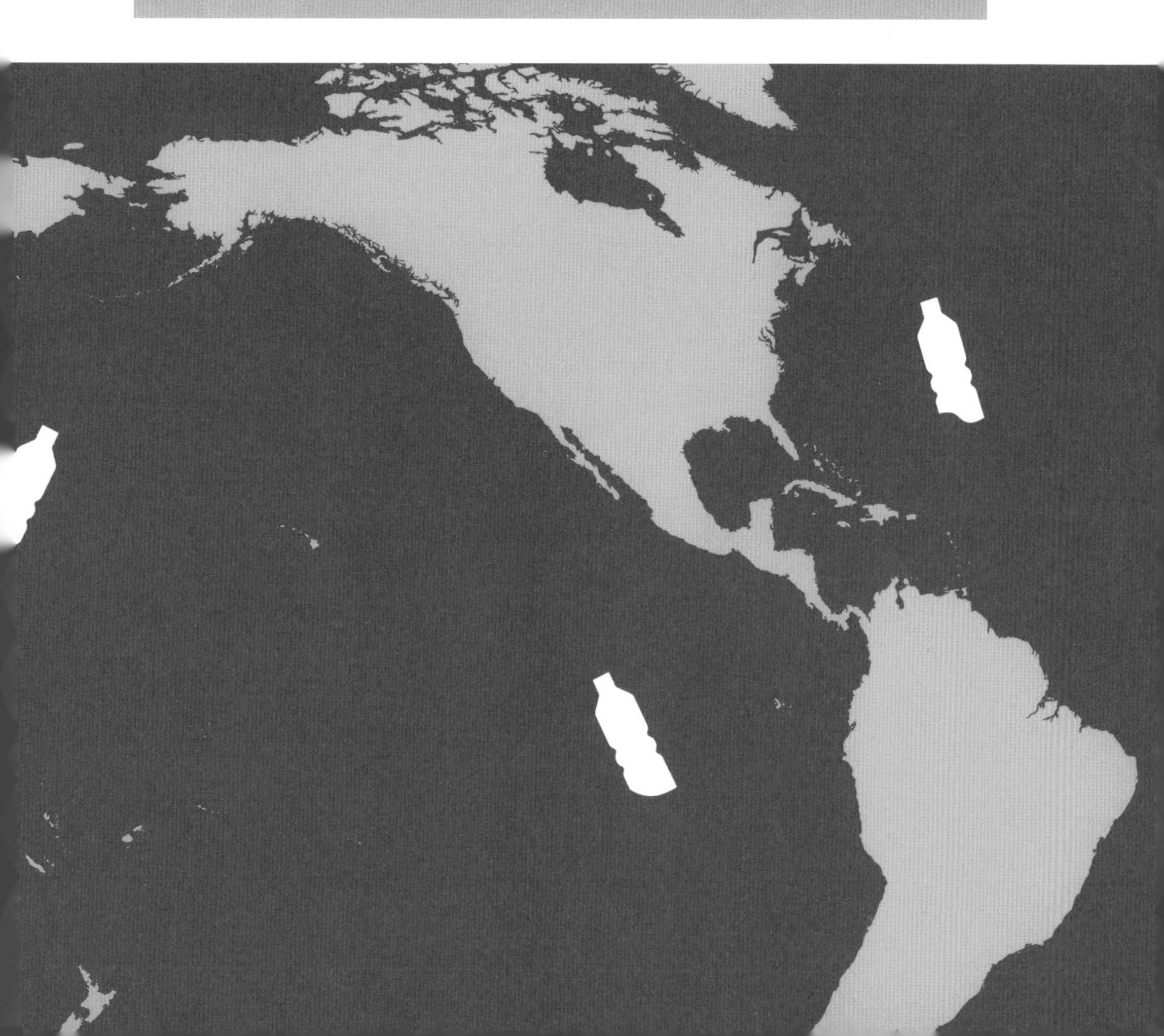

塑料与海洋动物

鱼类和海鸟是向河流或海洋倾倒塑料的首要受害者。

触目惊心的死亡率

每年大约有150万只动物因吞食塑料而死亡，绝大部分是鸟类（超过一百多个品种）和鱼类。2018年4月，在一头搁浅在西班牙海滩上的10米长的幼年抹香鲸体内发现29千克的塑料（塑料桶、塑料袋、网……）；还有一头鲸鱼因吞下80个塑料袋而窒息；有信天翁被观察到把塑料成分误认为食物喂给幼鸟吃。

从基因突变……

根据沃纳·布特（Werner Boote）和格哈德·蕾瑞亭（Gerhard Pretting）创作的《塑料星球》（*Plastic Planet*）引述，有遗传学家观察到，受类似于性激素的塑料物质影响，有动物出生时阴茎萎缩或带有混合性器官。因此，有人在英格兰观测到产卵的雄性鱼类，在北极地区发现出生时既有阴茎又有阴道的北极熊！

……到行为改变

就如对人类的影响一样，内分泌干扰素会对动物的行为产生影响。1940—1950年，佛罗里达州的一个白尾海雕鸟群80%丧失生育能力 [来自布特（Boote）和蕾瑞亭（Pretting）的讲述]。在10年时间里，它们经常吃的有毒物质改变了它们的性行为：它们交配得越来越少，最终整个鸟群失去生育能力。

微塑料与生物累积

极小的微粒被浮游植物吸收，由此进入食物链的开端。尽管极其微小，这些微量元素往往携带有毒化学物质，比如内分泌干扰素。

一种聚集现象

沿着这条食物链从一种动物到另一种动物，一些有毒物质没有消失反而逐渐累积，也就是说它们没有减少反而发生聚集，科学家将此称为“生物累积”。

以在20世纪70年代末之前用在一些黏合剂和涂料里的多氯联苯（PCB）为例：通过凡尔赛大学的一项研究计算，当抵达食物链末端，也就是北极熊的胃里时，被浮游生物吸收的多氯联苯已经累计达到800倍。

时间持久

除了由累积引发的增长外，即使在被摄入很长时间以后，这些物质仍旧残留在物种体内。因此同一项研究也测量了多氯联苯在瑞士莱芒湖中鱼类体内的聚集情况。尽管这种产品从20世纪70年代开始逐渐停止生产，仍需40年后才能观察到鱼类体内污染情况有所下降。

塑料
与人类健康

“有证据表明，塑料生产过程中添加的有毒化学物质会转移到动物组织中，最终进入人类食物链。”

——《塑料的现状》，联合国2018年6月。

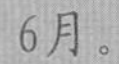

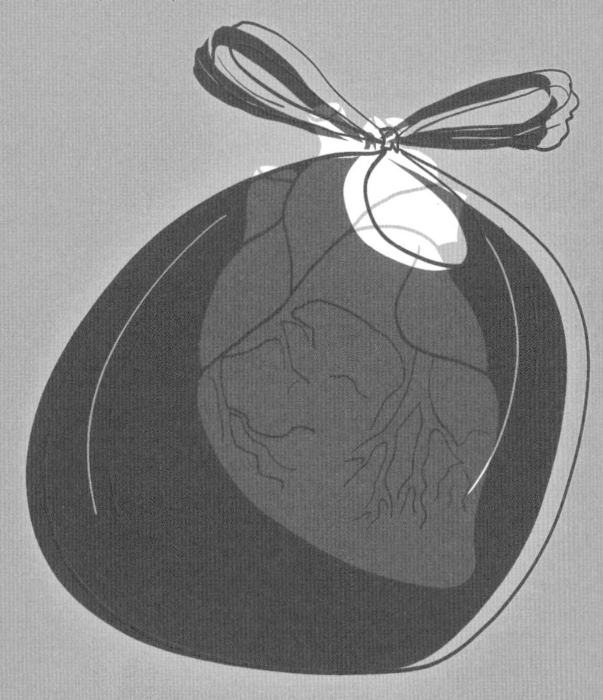

塑料的“迁徙”

2015年出版《塑料炎症》（*plastic-itis*）的何塞·巴雷托博士（Dr Jose Barreto）怀疑有很大比重的癌症与我们的生活方式及饮食有关。

我们大口吃下的食物可能会使我们生病。

事实上他对此并非猜测，而是证实了这一点。

塑料在人体组织内的踪迹

在温度或反复使用的影响下，一些物质会脱离塑料材料。**当食用这些产品时，我们把这些物质吞了下去。**塑料里的成分也可以被吸入或通过皮肤渗透。

例如：

➡当你加热一把特氟龙长柄平底锅时，如果锅体被划破，特氟龙微粒可能会在高温下进入你做的焖菜中。

➡当你把一个矿泉水瓶放在阳光下，或者反复使用了3～5次，你会喝下塑料微颗粒。

➡奥普传媒的一项研究表明，汽车轮胎每行驶100千米损耗20克塑料粉末，而你也会沿途吸入。

从20世纪50年代起，多项研究证实了
塑料在人体组织内的存在。

➡如果你每天都使用某些沐浴露，那你每天都在你的皮肤上涂抹塑料微颗粒。

➡如果你的孩子总爱轻吮或轻咬一些塑料材质的玩具，他可能摄入更多的塑料微颗粒。

联合国表示：

“泡沫塑料产品中包含的苯乙烯和苯等致癌化学物质，一旦被人摄入，会严重损害神经系统、肺和生殖器官。”

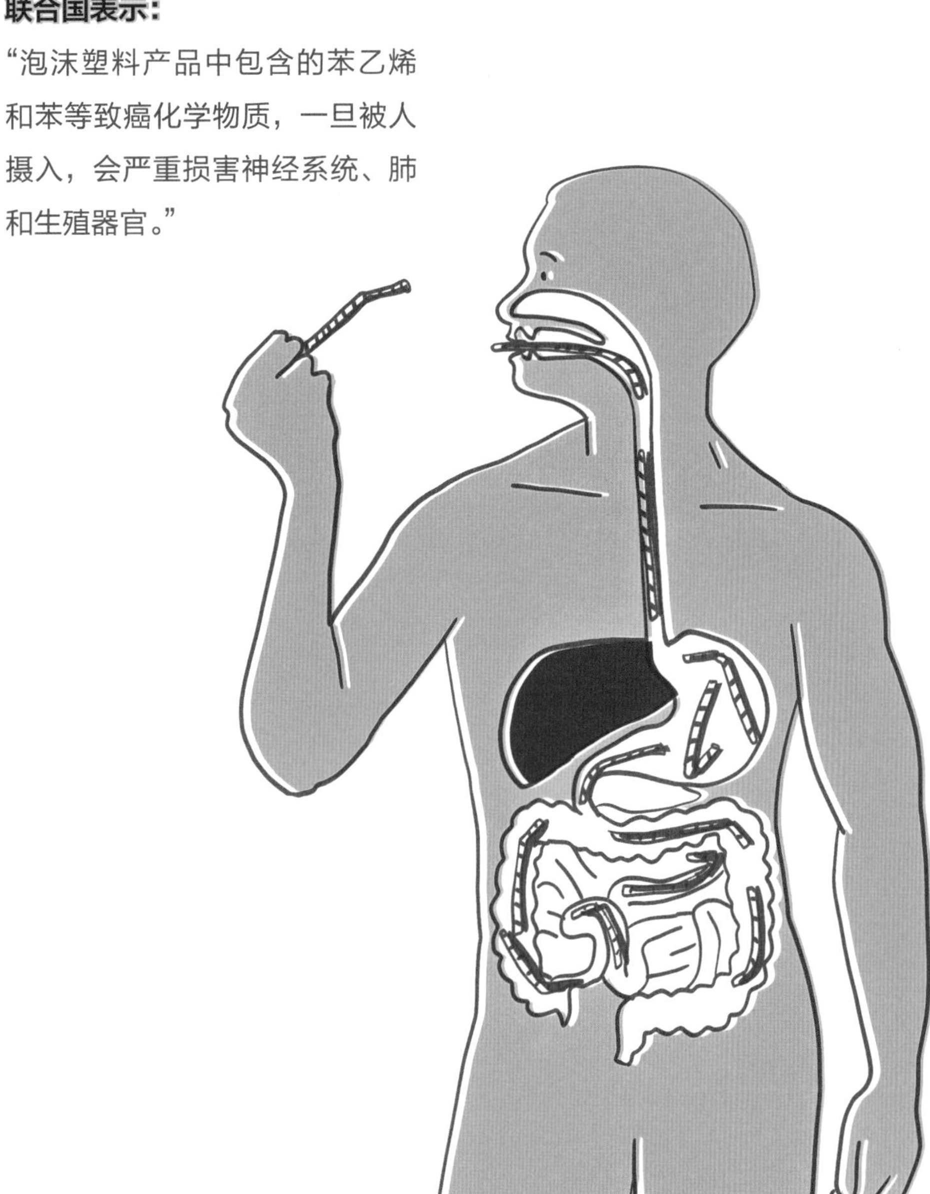

遭受威胁的内分泌系统

塑料含有添加剂，它们是内分泌干扰素，比如邻苯二甲酸酯或阻燃剂（一些还具有致癌性）。

激素与内分泌干扰素

激素是由血液运输的化学信使，它使胚胎和儿童得以生长，保证成年人体的良好运转。它由下丘脑、垂体、甲状腺、胰腺、肾上腺、睾丸和卵巢分泌而来。例如卵巢分泌雌激素，主要对发育产生影响。甲状腺分泌激素平衡我们的新陈代谢。

内分泌干扰素通过模仿天然激素破坏身体精妙运转的平衡。可能会引起头疼和性格改变，也可能会造成更加严重的紊乱，如肥胖、不孕不育、多动症或者抑郁症……并可以通过孕妇传染给尚未出生的婴儿。在什么年龄被传染非常重要，内分泌干扰素所引起的紊乱可能即时显现，也可能在更长时间内发作，甚至传染至许多代……

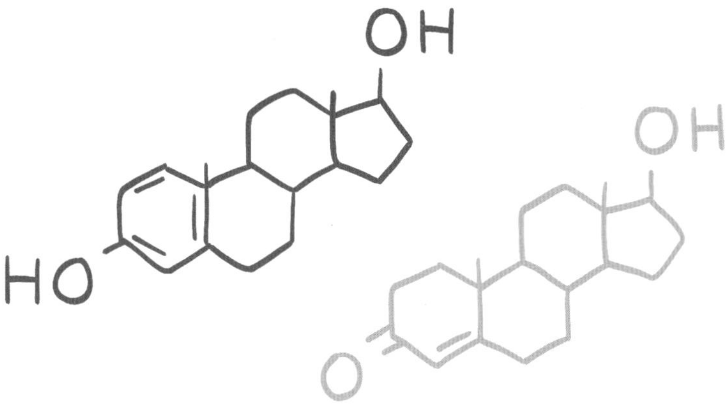

OH

HO

OH

O

塑料中的内分泌干扰素

迄今仍在谈论的……

双酚

双酚A（缩写BPA）被用于合成聚碳酸酯，是环氧树脂的添加剂（存在于食品罐头或易拉罐中），**已被禁止使用**。

双酚A主要对胎儿有害，比如会对其生育能力和青春期发育造成影响。其他双酚被当作替代物使用，然而由法国健康与环境协会发布的研究表明，尤其是双酚S和双酚F，它们并非是完全无害的选择……

邻苯二甲酸酯

邻苯二甲酸酯是被用来使塑料具有柔韧性的化学合成物，**存在于聚氯乙烯（PVC）中**，也存在于大量柔软的包装中。

它还可以传播香味，因此也常见于化妆品中。只有一部分邻苯二甲酸酯被禁用，怀疑其可能损害儿童发育，引发睾丸癌，导致部分流产和男童生殖器官畸形。

……以及其他

法国公共卫生总局在2011年面向4000余名孕妇展开研究，在尿液和血液样本中检测出117种污染物，其中就有塑料成分。

被污染物感染的孕妇比例
（研究的4145个样本）

100%
感染溴化阻燃剂

99.6%
感染邻苯二甲酸酯

70%
感染双酚A

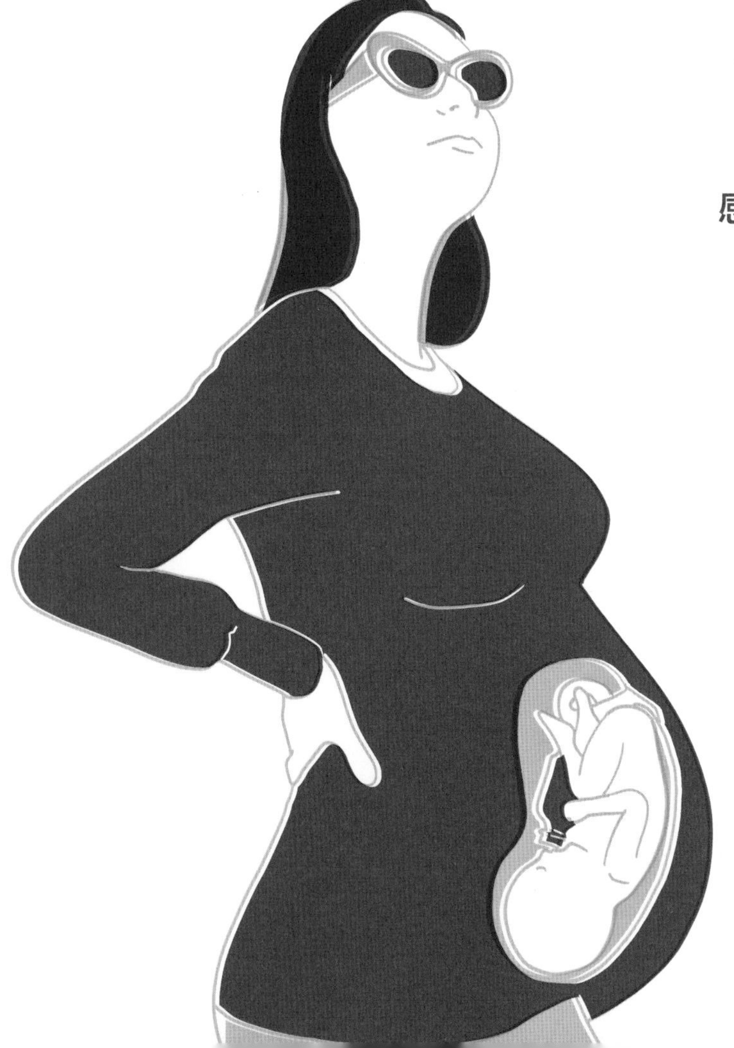

胚胎与塑料

婴儿出生时就被“预污染”了！这是由国际妇产科联盟发出的警报。胎儿发育紊乱、出生时体重过低……胎儿在子宫内就已经被母亲大量摄入的化学成分影响了。

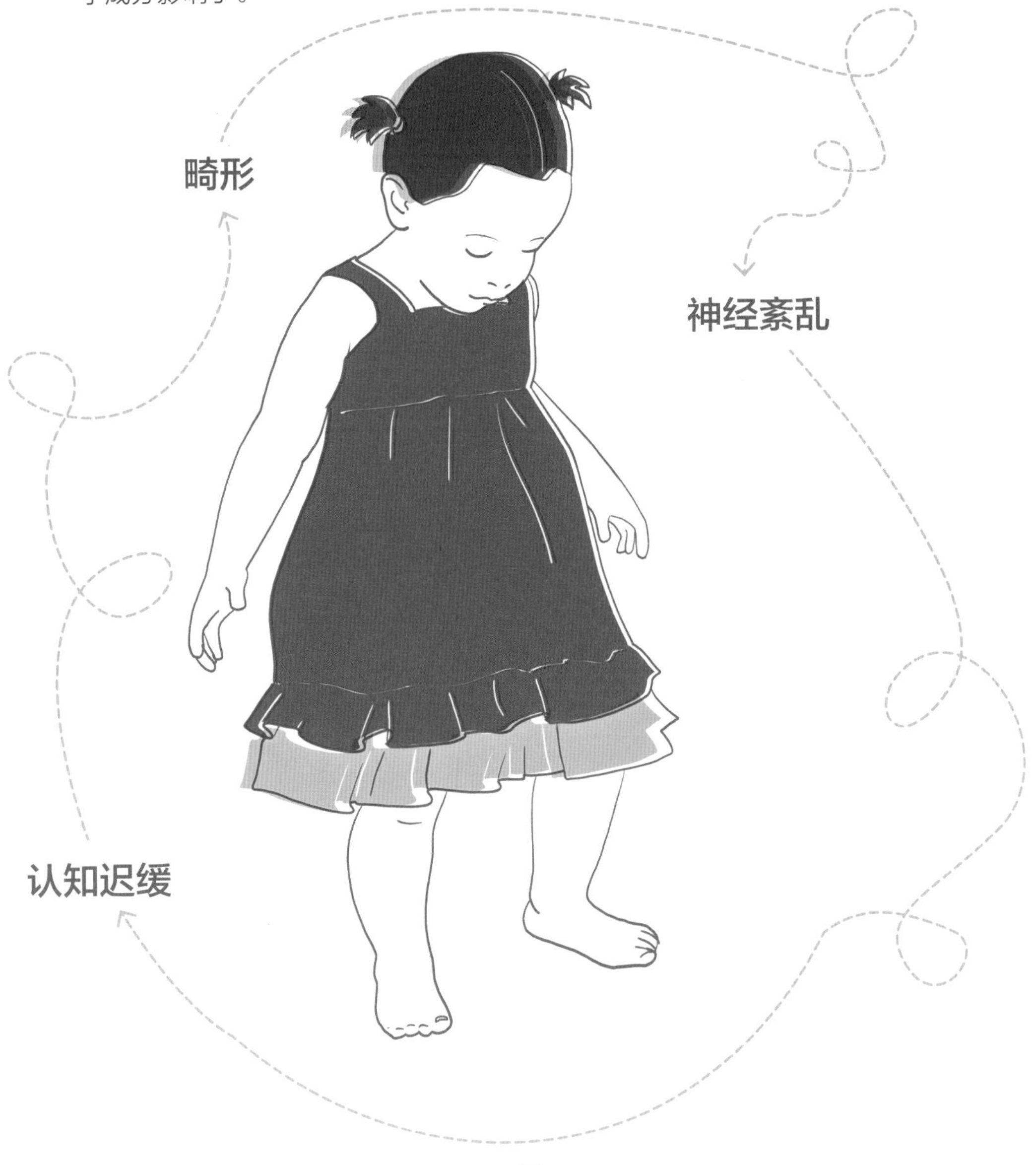

如何自我保护?

要想知道我们接触了哪种塑料，需要看那些编号从1～7的三角标志。

不同类型塑料的分类

标志	塑料类型	日用品或食品
1 PET	聚对苯二甲酸乙二酯（PET）	水瓶、牛奶瓶、番茄沙司
2 PEHD 4 PEBD	高密度聚乙烯和低密度聚乙烯	果汁、食品盒、洗发水
3 PVC	聚氯乙烯（PVC）	很少用于食品包装，但常见于玩具中
5 PP	聚丙烯（PP）	混合沙拉盒、食品收纳盒、酸奶杯、除臭剂、雪糕盒
6 PS	聚苯乙烯	鸡蛋盒、某些酸奶杯
7 Autre	聚碳酸酯（所有其他塑料）	玩具、各种包装

+（高）危险

➡**要当心** 3 PVC 6 PS，因为在 3 PVC（PVC）中含有邻苯二甲酸酯，在 6 PS 中含有苯乙烯。

➡7 Autre **这类是个大杂烩**，汇集了其他所有种类的塑料。非常有害的添加剂可能会进入成分中。

➡**至于** 1 PET，**它符合塑料瓶的制造要求，主要用来装水。**只能使用一次，不可置于高温（否则可能会大口喝下部分塑料）。

➡2 PEHD 4 PEBD 5 PP 在对致癌风险或者内分泌干扰素的讨论中，**很少被提及**。

-（低）危险

马铃薯饺子的困境

我家孩子超爱的马铃薯饺子被包在一张塑料薄膜里，在上面我看不到任何三角标识……既不是聚苯乙烯也不是聚氯乙烯，应该属于 2 PEHD 4 PEBD 或者 5 PP，但也有可能是 7 Autre。由此思考着包裹食物的到底是哪种材料，哪种可能的毒素，我心想在没有明确信息的情况下购买完全是疯了！因为在食品加工业或者塑料业和消费者之间，信任的概念已经完全丧失，我把马铃薯饺子放回了货架！

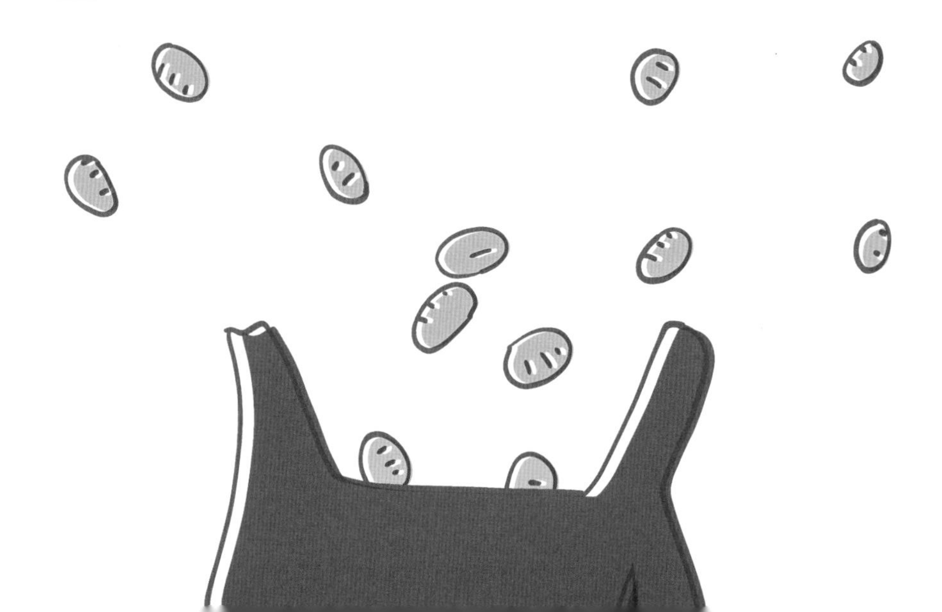

有益的立法：欧盟REACH法规

这项欧盟法规（关于化学品注册、评估、许可和限制的法规）2007年通过，旨在使企业对化学物质的使用更加透明。“没有数据，就没有市场”：无论哪种产品，当产量大于或等于1吨时，企业必须向欧洲化学品管理局登记所使用的物质。在那里，这些物质会根据其危险程度被分类。在欧洲化学信息的巨大荒漠中，这是他们迈出的第一步。

预告危险的迹象

➡**本身有“塑料味”**，使里面的水也有股怪味的**水壶**；

➡装过番茄酱后变红的**塑料瓶**；

➡从包装袋里拿出时有股刺鼻气味的**浴帘**……

➡**如此多的迹象表明有毒微粒的存在**，这些微粒从你的浴缸上飘起，弥漫在你的家中。

一旦有这些迹象，你应该毫不犹豫地把它们丢进垃圾箱！

再循环局限：从伪善到荒谬

我们一上来就该承认：别被表象蒙蔽，回收利用并不是解决塑料垃圾的好办法。

全部回收利用？这是一个美好的愿景

主要困难

➡我们无法回收利用所有的塑料（存在处理混合材料和部分添加剂方面的技术难题、收益问题和出路问题……更不用提收集所涉及的巨大数量）。

➡多项调查已经表明，在完全消除持久性有机污染物如溴化阻燃剂方面，塑料的回收利用存在困难。

➡塑料不是可以无限次回收利用的：在2～3或4次后，就不可再回收利用了。

联合国表示：

“我们当前已经无法处理自身制造的塑料垃圾，只有其中一小部分被回收。”

“循环经济”的幻想

“循环经济”常常被描绘成一个漂亮的圆形，用一个环形来表示什么都没有消失，一切都被转化。循环经济只有针对有机物的处理才有可能真正实现，例如你放在堆肥里的瓜果皮壳。

但塑料在经过几次回收利用后——再利用常常是被重新融入新的塑料中——最终变成垃圾。对此除了掩埋或焚烧外，我们不知该如何处理。

法国现行的组织情况

首先，是有些混乱的分类情况……

法国不统一的分类箱

在我家，蓝色箱是用来收集可回收利用产品的（纸板、报纸、水瓶、易拉罐、食品罐头、部分牛奶瓶和部分家务清洁用品的小瓶——想知道都有哪些并非易事……我们之后再说），用来装杂七杂八的垃圾箱是深灰色的。

但去法国南部度假时，完全相反！黄盖黑色的垃圾箱装可回收垃圾！这种颠倒使我们常常要屏住呼吸探身钻进垃圾箱，把丢错的垃圾拿出来……

我父母的房子位于我在大郊区的住宅和去度假的吉伦特省之间，被当地的市镇公共社区弄得一团糟。

法国生态转型部国务秘书布鲁恩·波尔森（Brune Poirson）表示，2018年在巴黎瓶子的回收率不到**1/10**。

他们没有垃圾箱，只有黄色塑料材质，比装蔬菜水果的木条箱大不了多少的小箱子，完全没有隐私，也不卫生。更不用说雨天捡回来的纸板了。结果是我妈几乎不再分类了，坦率地说，谁又能因此而指责她呢?

非常幸运的是，政府已经承诺对垃圾箱和分类要求进行统一。我们拭目以待。

标识的混乱局面

三明治难题……

拿起一个三角形三明治的包装。在一个用来提供可回收信息的长方形框里，我看见被称为“绿点”的圆形标识，它由两个互相交错的箭头组成：所以它完全不意味着包装是可回收的！然而，好像要对这个包装给予特别的关注，因为就在旁边写着：“记得分类！”旁边，第三个图案（一个垃圾袋）附有说明文字：“请丢掉包装盒和塑料薄膜!”在这么小的一块地方有这么多互相矛盾的信息。让人感觉这似乎就是要把我们弄晕的……

注意：不要把莫比乌斯带（见下页）和塑料分类标识弄混了……我们已经看到，后者也是三角形，由三个箭头组成，但里面有数字（可以说是很清楚的）。

Tidy man是鼓励你把垃圾丢进垃圾箱（我们循序渐进）。

Triman出现于2015年，表示产品可回收（原来如此！）。但在哪里回收？（垃圾箱、废品回收处理中心还是回收点？）

“绿点”（Green dot）几乎随处可见，使人们能辨认出参与包装再利用项目的企业，企业主要是资金参与。然而很大一部分人因为上面转动的漂亮箭头，就以为这个标志的意思是“可回收”。

莫比乌斯带意味着“如果回收系统存在”，“如果分类要求被遵守的话”，产品可回收。更准确地说：同样的带形标识更加厚重，内部有百分比指示产品在X%程度可回收利用。大家都看懂了吗？

被回收的塑料变成了什么?

在20世纪80年代以前，对塑料的回收利用几乎是不存在的。如果你像不久以前的我一样，相信在今天，所有被自觉放进可回收垃圾箱里的包装都确实被回收利用了，好吧，那你就错了。

在你分类后，它们会在你家附近的一个分拣中心被重新筛分，挑选出能够处理的，主要是 1 PET 2 PEHD 和 5 PP 塑料。并非各处都是如此，比如目前只有很少地区能够处理酸奶杯。

塑料瓶是回收的重点：它被变成小碎片，之后用来制造其他瓶子，但主要是制造纺织纤维（用于制作羽绒被、长毛绒玩具熊、扫帚）。

那其他塑料呢？它们被掩埋或在焚化炉里被焚烧。产生的热量可被当作能源利用，有人因此认为它们得到“再利用”，但情况并非常常如此。显然，它们在燃烧过程中向大气释放的成分，我们并不确定是否对我们的呼吸没有损害……

联合国表示：

“通过在露天矿坑中燃烧来处理塑料垃圾会释放呋喃和类二噁英等有毒气体。”

雄心勃勃的目标……

法国政府宣称：要在2025年实现塑料100%回收利用！一些专业人士更愿意说实现塑料100%再利用，但这个目标并不现实。

……甚至是不可达到的

事实上，必须有一项极有力的政策才能做到：（1）在全国范围内统一垃圾箱和要求，并增加上门回收安排和回收点设置；（2）在回收中心加强分拣，能够处理更多的塑料；（3）为获取的塑料寻找新的应用和市场，目前塑料主要以两种形式重获新生：新的瓶子和合成纤维。

在法国，2017年有**340万吨**家庭包装被回收利用，比2016年增加了**71000吨**。

在法国，只有20%～25%的塑料被回收利用。根据欧洲统计局的数据显示，德国有一半的塑料垃圾被回收再利用，英国有40%，斯洛文尼亚有将近60%。

塑料转换之难！

在《塑料秘史，一个有毒的爱情故事》(*Plastic, a toxic love story*)中，苏珊·弗莱恩克尔（Susan Freinkel）对于不久前发生在旧金山这座所谓环保先锋城市的事情给出了很好的解释。他们在当地轻松处理 1 PET 2 PEHD 塑料（最常见的是瓶子），其他带有从 3 PVC 到 7 Autre 标志的塑料垃圾被装上货轮运往中国。

在那里，其中一部分被工人分拣和清洗，这些工人的时薪极低，只有这样才使运输可再使用的塑料颗粒有利可图。

一个再利用瓶子比用新塑料制成的相同瓶子少释放**70%的二氧化碳**。

他们的垃圾，在别人家！

很长一段时间里，欧洲也曾依靠亚洲接收那些最难处理的塑料。我用过去时，因为中国已经表示："停止！"它不再接收其他国家的垃圾，因为处理本国的垃圾已经有很多困难了。

东南亚国家的垃圾输入

对很多国家来说这依旧是一个问题，它们眼看着成吨的塑料，以合法或不合法方式从发达国家运送而来。例如，在泰国，来自包括法国在内的35个国家的集装箱定期靠岸。政府对此很担忧，因为这些国家并没有能力处理所有他们接收的塑料，当然这些塑料本身就是最难回收利用的。

绿色塑料：是真的吗？

生物基的、可分解的、生物可分解的、可堆肥的：你已经晕了？这很正常，更何况被公布出来的词总是与真实含义不符。比如有人可能认为，把一个所谓“生物可分解”塑料袋丢在自然中不会有不良的后果，因为它就像瓜果皮壳一样会自己慢慢地分解！并不是这样！“生物基的”和“生物可分解的”只表示在产品成分中添加天然物质。

生物基塑料

它由自然资源加工而成：玉米、马铃薯和制糖用甜菜……但不限于此。其成分中也包含普通塑料。在法国，要求含有至少40%的天然材料。

可分解塑料

比如我们可以在有机商店找到的用来替代硫化纸的可氧化分解薄膜。它们的确能更快变质，但仍保持塑料的形态。这意味着它们会以更快的速度变成很小的元素。

全世界生物塑料的产量每年增长**400万吨**。

资料来源：《科学进展》（*Science Advances*）2017。

100%生物可分解塑料

依旧非常稀少。智利的一家公司以石灰岩为基础研发出一种塑料袋，它能在水中完全溶解。这显示出使用一种免费易得的基础材料的优势（不像甘蔗，要取自世界的另一端）。

可堆肥塑料

它既可在达到60℃的**工业混合肥料**，也可在你自制的堆肥（在这种情况下你可以观察它需要多长时间变质）中完成分解。

联合国表示：

“生物基塑料的生产大幅增长，甚至达到了与传统塑料相持平的水平，这可能会对粮食作物的生产造成负面影响。”

悬而未决的问题：

➡添加剂怎么办？相同的物质，特别是内分泌干扰素，还会继续被添加吗？

➡对水的消耗以及生产替代品所需的能源也应被考虑在内。

未来的解决之道

如何有效地清除不可回收的垃圾?

总之，这是我们将会在未来几年内创造出来的。因为对堆积在海洋等自然环境里数目巨大的塑料碎片来说，已经太迟了。但对我们如今生产塑料的研究仍在推进，例如我们能够将不可回收的塑料转化成碳氢燃料。这正是“塑料奥德赛”*号的发现，它所装配的热解炉能将4千克的垃圾转化成3升的碳氢燃料。

真正绿色的塑料?

既然想象中没有塑料的生活似乎是虚幻的，更何况它在医疗领域已经不可或缺，那我们能否生产出不会对任何人造成危害、不会产生不可回收垃圾、能进入真正的循环经济的塑料呢?

人们懂得使用藻类和农业垃圾。法国布列塔尼的一家企业早在几年前就展示了一种制造工艺，以一种在自然界中完全可降解的褐色藻类为基础，据称降解过程不超过100天。

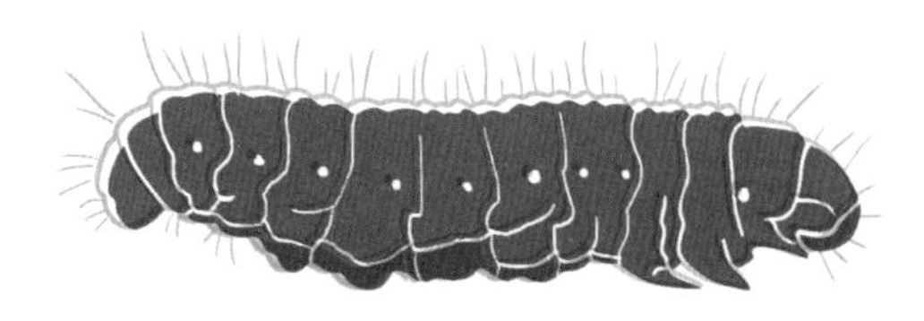

吃塑料的细菌?

这种细菌确实存在。比如日本京都大学的学者发现了一种以聚乙烯中的碳为食物的细菌。分解1～2厘米的聚对苯二甲酸乙二酯（PET）需要几周的时间，但对其他塑料则需更长的时间……

---

* 注：“塑料奥德赛”号是一艘长40米的实验船，船体配有塑料热解装置、垃圾分拣传感器、多产品挤出机等垃圾分类、处理设备。

现实中，我要如何“戒塑”？

在超市

更好购物的必需装备：

➡可以反复使用到烂的草编包；

➡柳条篮、布袋、小木条箱；

➡可重复使用的广口瓶和罐子；

➡可重复使用的小纸袋（像装面包的袋子）。

围追堵截无用的包装

欧洲45%的塑料制品被用于包装。数量逐渐增长主要归因于在外用餐的次数增多……

塞满塑料的手推车!

如何购物，而不带回成堆的包装（比如吸塑包装、小袋子、船形食品包装盒、袋子……）?

解决办法

➡**不选择过度包装的食物**，有时过度包装得很荒谬。比如在椰子外裹一层薄膜!

➡**购物车里没有里面装满单独小袋的大包产品**（比如玛德莲蛋糕*，就很难找到没有二次包装的）。

➡**最大限度地反复使用购物袋**（用于其他采购、用来装垃圾……），以及塑料瓶（用于每周一次去肉铺和乳品店的采购）。

➡**把草编包用到损坏为止**，用来进行大规模采购，一旦破到不行，我就买一些漂亮的柳条篮和布袋，甚至我还会用装水果的小木条箱。

---

* 注：玛德莲蛋糕是法国东北部的一种传统的贝壳形状的海绵蛋糕。

问题接踵而至……在我们社区的“维持农民农业协会”（是每年定期直接向生产者进行一定份额的采购的协会）里，包括生产者和购买者在内的所有会员都感觉自己与包装和塑料问题息息相关，但不可能完全避免使用。比如，牛肉生产者给我们送来5千克或者10千克一箱的牛肉，牛肉块保存在真空包装中，这样我们可以把它们冷藏起来……目前，我们没有找到解决的办法。

我非完人

我有一个称水果蔬菜的好办法，在把它们倒进我的柳条篮之前借用一个柜台的塑料袋，然后把价签贴在我的篮子上（拜拜啦塑料袋：你可以回到滚筒上去啦！）。这些价签一直保持到采购结束去付款：我超级满意我“零包装”的独家秘诀！除了收银员对我的责备。“我很理解这样更环保，但每十个顾客我就要核实其中一个的称重，我该拿您怎么办呢，您说？”好吧，下一次我把水果蔬菜放在棕色纸袋里，我都留着呢，把价签贴上去，重复使用棕色纸袋。

一个塑料袋的平均使用时长是**10~12分钟**。

消除与食物接触的塑料

塑料包装可能有毒

我丈夫刚买的火鸡肉片装在船形食品包装盒里（7 Autre），这不免令人恐慌：第7组，出了名的成分复杂的最后一组，无法得知肉到底接触到什么。此外，6 PS 也同样令人焦虑。

联合国表示：

“泡沫塑料容器中的毒素会渗入食物和饮料中。”

解决办法

➡**不选择装在船形食品包装盒里、裹着薄膜或吸塑包装，或者至少是 6 PS 和 7 Autre 包装的肉和奶酪。**

➡**在“新鲜”柜台选购**，或者更好的情况是，去市场或者商贩的店铺采购。

➡**只拿**卖家提供的**包装纸**（而不是袋子），如果这些纸附了层塑料薄膜，我就带上我的玻璃保鲜盒（或者将之前购买时提供的盒子重复使用）。

➡如果真的必须购买带包装的产品，**我会优先选择带有 2 PEHD 4 PEBD 和 5 PP 标志的**。

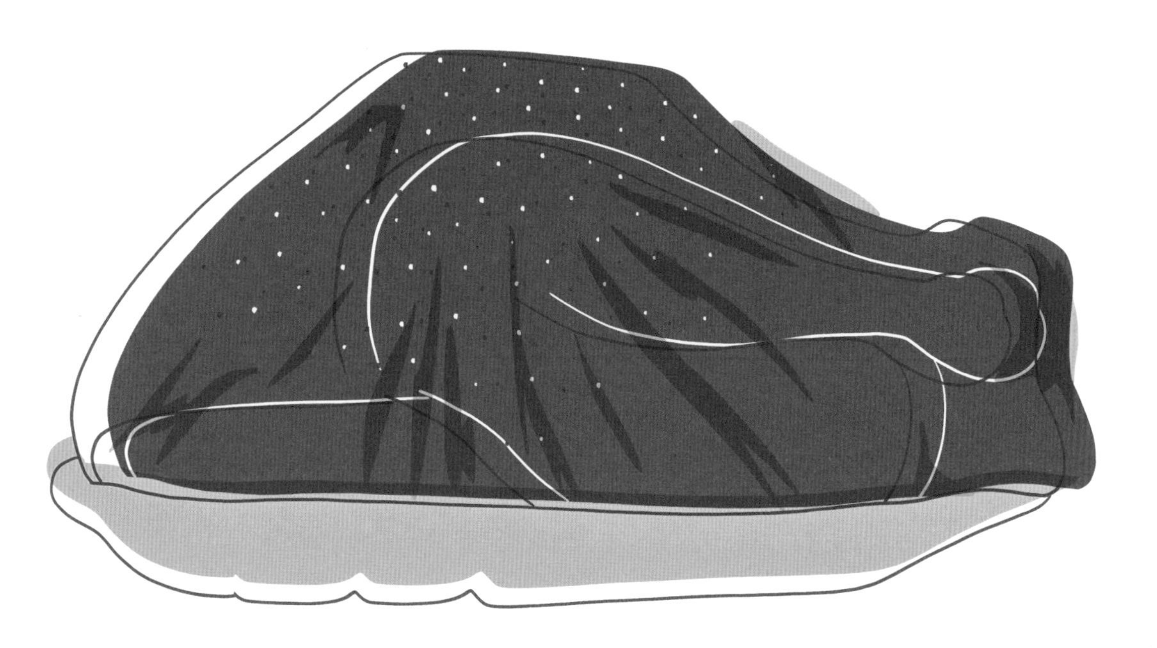

我非完人

当我第一次向我常光临的那家超市的肉柜工作人员提出，把烤熟的肉片装进我带的盒子里时，我准备好一个大大的微笑和各种说服他的理由（继我在他的收银台同事那里受挫之后）。但他立刻就同意了，随即我就近乎失望：在把肉装进盒子前，他抓着我恰恰想要避免使用的有塑料薄膜的包装纸称肉。结论：要建议他直接用他秤上的秤盘和我带的盒子。这正是我在下个星期面带微笑所做的。而他非常恭敬地对我说，秤是“预先调校好的”，他不知该如何修改……

玻璃VS塑料：谁对地球更有利?

毫无疑问是玻璃。它的可回收利用率超过80%（根据不同数据可达100%），可以无限次重复使用。玻璃在法国的回收情况很好，在健康方面，它不含内分泌干扰素，简而言之，与塑料恰恰相反。而在碳值评估方面，玻璃不如塑料友好。特别是它运输起来很重，因此会产生更多的二氧化碳排放。这是某些人更愿意选择砖形盒的一个理由，即使含有微量的铝和塑料。其实，最好就是直接回归玻璃押瓶制度，再利用而非丢掉，这更符合常理不是吗?

塑料也藏在金属瓶里

是的，铝质易拉罐和金属质食品罐头也可能覆有塑料树脂。

解决办法

➡对于每种食物，**寻找其他容器盛放**：

- 选择**装在广口瓶里**的蔬菜；
- **装在纸盒里**的猫粮；
- **装在砖形盒里的牛奶**（但要知道在砖形盒里有聚乙烯-铝-纸板叠合，纸板占绝大多数）；
- **装在砖形盒或瓶子里**的果汁。

不可回收包装

酸奶杯无法回收利用

除了在法国的某些地区……

解决办法

➡**买装在玻璃罐里的酸奶。**

➡**用酸奶机自制酸奶。**这真的很简单——用1升全脂牛奶，1杯新鲜酸奶（为了获取乳酸发酵细菌），根据罐子大小，我能制作7~11罐，静置一晚就做好了。每周做两次，可以少在超市买两组酸奶。我做的是原味的，每个人添加自己喜欢的味道——蜂蜜、蔗糖和果酱……

在法国，每年售出11万吨聚苯乙烯包装。从即日起到2022年，对这些包装的分类应在全法国得到落实。

散装商品解决办法

散装商品对于减少包装、避开微粒进入食物的风险来说，是很理想的。通过散装购买，我们直接把所希望购买的一定数量的产品放在我们选择的容器中。在大城市，有越来越多的连锁店开业。在有机商店里，全品货架也是一片繁荣。不要忘记散装产品的第一供货者，甚至在小镇也能找到它，那就是：市场！

散装商品，种类齐全

不仅有干果、谷物或者混合开胃坚果，也有面、米、茶和咖啡（为了避开丙烯小袋子），甚至还有油、醋或者用来做点心的糖浆。想要自制洗涤剂的人甚至还能弄到马赛香皂的边角料。因为可以购买所希望的数量，我们再也不用为某种只会用一次的250克香料而烦恼。只需带好装备就可以：根据你的购物清单带1～2个瓶子+若干塑料盒和纸袋，回家后再倒进广口瓶和铁盒里。

在厨房

吃好喝好的必需装备：

➡玻璃瓶、金属罐、玻璃保鲜盒（只有一个塑料盖）；

➡水罐、水壶、玻璃瓶……

➡商家提供的塑料盒——肉商、乳品商（只在购买途中反复使用）。

喝哪种水：瓶装水还是自来水?

瓶装水含有塑料

微粒从瓶子转移到液体中，尤其是当瓶子在高温环境中或被再次使用。最好不要保留在你床边放了一个月的同一个小塑料瓶……

解决办法

➡**不选择塑料瓶。**

➡**仔细研究**推荐童子军装备的**商品目录**，比如不锈钢水壶。

➡**在大型**运动用品**商店也可找到类似的产品。**

➡**在水壶里装满自来水。**这比喝瓶装水好，但并不完美，因为……

停止购买瓶装水，
人均每年可少制造
5千克垃圾。

自来水也一样！

据奥普传媒（2017）的调查显示，在欧洲范围内提取的自来水样本中，75%含有塑料。

解决办法

➡**还是喝自来水！**至少避免了丢瓶子，而且这样更省钱。听从一位医生朋友的建议，我把自来水放在玻璃瓶里静置1～2个小时后再喝，这样微粒会沉在底部（把最后1～2毫升的水丢掉）。

联合国表示：

地球上每分钟消耗

100万个塑料瓶。

用具方面的明智选择

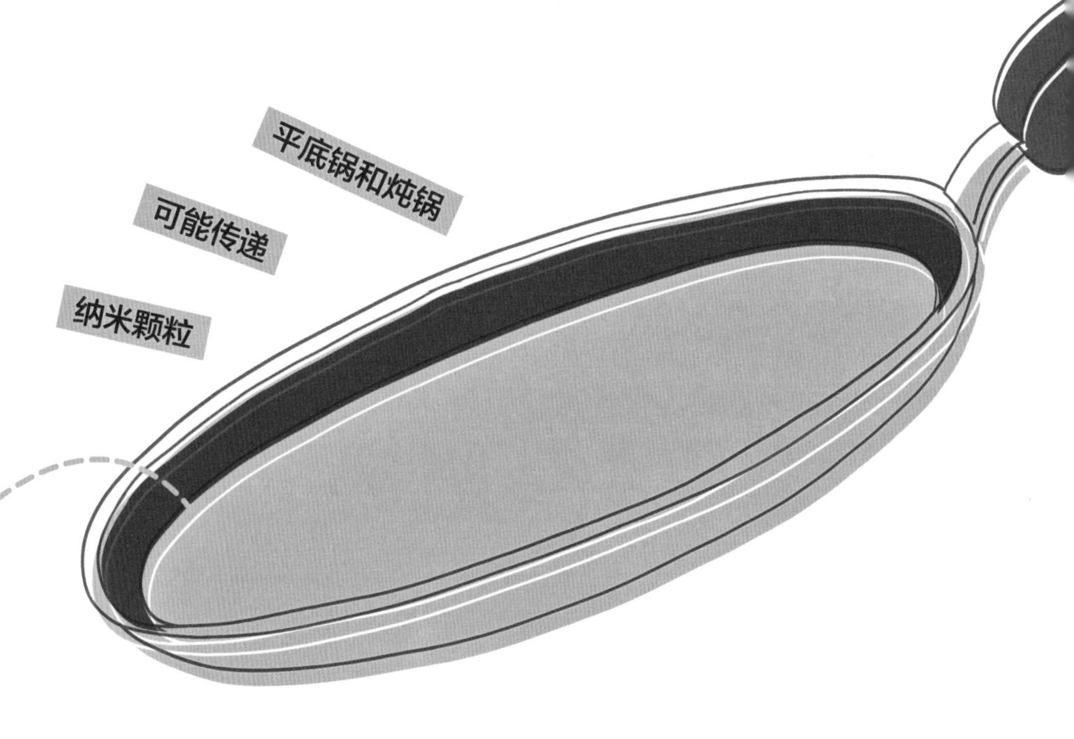

特氟龙（又称聚四氟乙烯）材质的**不粘锅**，如果涂层被划破就不能使用了。而且，之前的款式可能含有全氟辛酸 (PFOA)，在高温加热条件下也是有毒的。

解决办法

➡**不选择黑色涂层**（因为我观察了许多个平底锅品牌：对于所使用的材料都没有给出任何标识）。

➡逐渐把平底锅、模具、炖锅更换成带有**陶瓷或者不锈金属涂层**的。

➡烘焙用具同上：也是不锈金属、木质或竹子的。

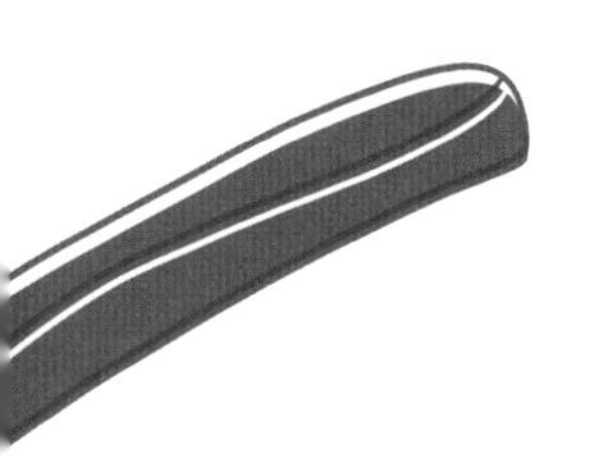

其他用具或配件也不可靠

为什么不趁着劲头清除掉所有不常用或者不确定用途的物品呢?

解决办法

➡**清理环保杯**，这些活动上分发的“100%可重复使用”的塑料杯，终有一日会以变成垃圾而告终!

➡**赶快弄走咖啡机**（还有它那使人产生负罪感的胶囊残渣）。我重新拿出我的博登咖啡壶（多人用）和我去意大利参加伊拉斯谟（Erasmus Programme）计划*做交换生时买的迷你摩卡壶（仅我一人用）! 一杯在煤气上加热，根据自己心意确定分量的真正的浓缩咖啡。

➡对于开水壶，同样的逻辑：**我换了一把不锈钢的**，在煤气上加热得嘶嘶作响。

好物：吸管汤匙

为了替代塑料吸管（很快就会被禁止使用了），部分商店会售一款不锈金属材质的小汤匙，匙柄略微加长而且中空，可以用作吸管。真是有趣又环保!

---

* 注：伊拉斯谟计划是欧洲共同体在1987年成立的一个学生交换项目。

我非完人

不顾所有环保生活指南和“零垃圾”女教皇贝亚·强森（Béa Johnson）的看法和建议，我把沙拉脱水器留了下来。我知道，它属于我们最先可以摆脱的物品，用一个简单的长方形抹布就可以替代。但是，我觉得它很方便……而且这样就可以少洗一个抹布了……

保鲜膜既方便又卫生，但它是塑料的

折中的解决办法

在冰箱里，我们可以把食物储存在玻璃盒里，或者放在一个旧的汤盘里，上面盖一个平盘！对于三明治，我在有机商店买了“不含邻苯二甲酸酯”而且“可氧化分解”的薄膜。“可氧化分解”的意思是里面含有能使它在自然中更快分解的添加剂（它还是会在自然中变成塑料的化合物），这绝非上策。

真正的解决办法

后来我发现了提供可重复使用创新产品的“金块工作室（L’atelier des pépites）”：花100元就可以获得两种不同尺寸、由蜂蜡制成的可清洗包装。用来盖冰箱里的盘子非常棒（但不可加热）。我还在Youtube上看到缝制“三明治包装袋”的教学视频。我们也可以在手工网站上购买，保鲜膜可以退场了！

塑料与热量无法和谐共处

最好避免用塑料容器加热食物（比如放进微波炉）。

解决办法

➡**可以用塑料盒储存剩下的食物，**但从不把食物放在里面加热。

➡**拿出一把不锈金属材质的炖锅，**或者一个陶瓷盘，给微波炉狂热爱好者。

重新发现做饭的乐趣

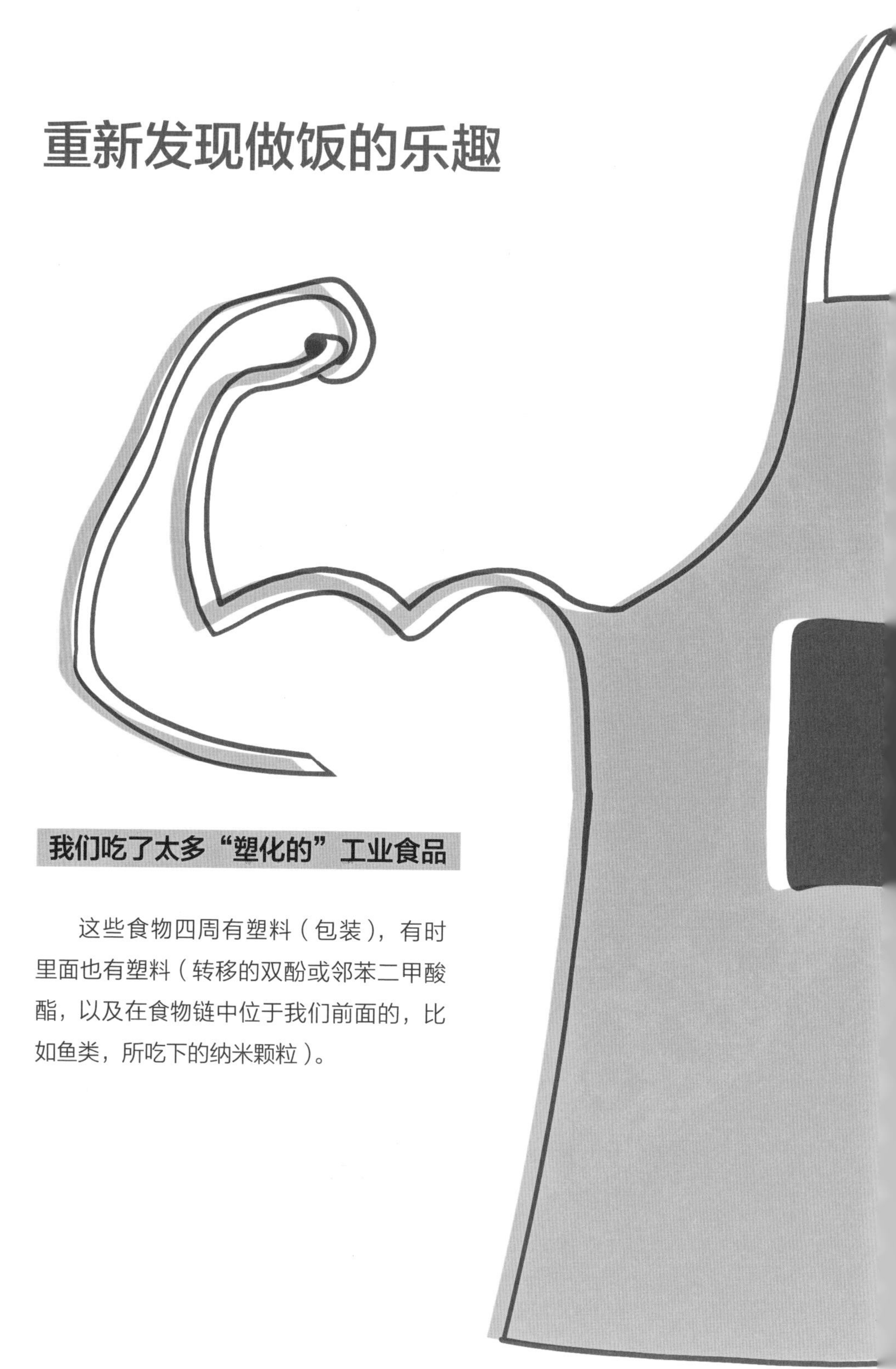

我们吃了太多“塑化的”工业食品

这些食物四周有塑料（包装），有时里面也有塑料（转移的双酚或邻苯二甲酸酯，以及在食物链中位于我们前面的，比如鱼类，所吃下的纳米颗粒）。

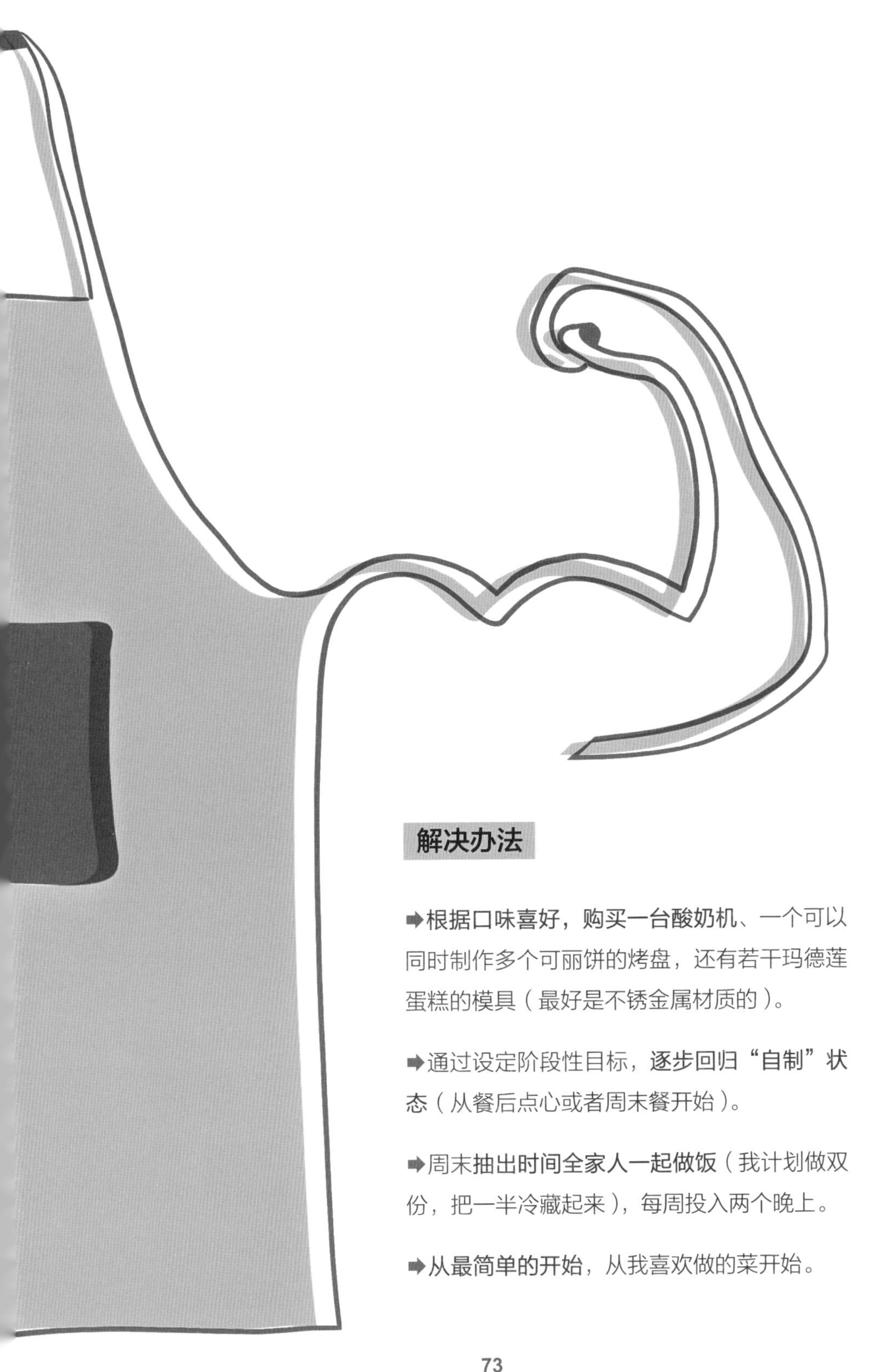

解决办法

➡**根据口味喜好，购买一台酸奶机**、一个可以同时制作多个可丽饼的烤盘，还有若干玛德莲蛋糕的模具（最好是不锈金属材质的）。

➡通过设定阶段性目标，**逐步回归“自制”状态**（从餐后点心或者周末餐开始）。

➡周末**抽出时间全家人一起做饭**（我计划做双份，把一半冷藏起来），每周投入两个晚上。

➡**从最简单的开始**，从我喜欢做的菜开始。

“自制”同盟：当你周日实在无所事事时，去趟面包店。巧克力面包和苹果香颂派比工业饼干好得多。当你错过比萨或者意式千层面时，去肉铺转一转。

第一步：点心

与丈夫一起，我们选择从点心做起。周日我们准备了做可丽饼（或者华夫饼）的面糊——把一半冷藏起来待用。两个点心储备！一个周日吃，一个做好的周三吃（这天是我陪孩子的日子）。

小家伙们“视糖如命”，我们试图引起他们对其他形式的下午茶点心的兴趣：果干（芒果干尤其棒），干果（核桃和杏仁效果还不错），水果（巨大失败，对他们来说这是饭后甜点，他们坚持自己的习惯），还有果仁（葵花籽或南瓜籽）。

第二步：自制咸派和比萨

制作酥挞皮或者比萨面皮超级简单：只需10分钟！在肉店买一块火腿或者胸肉要比盒装的肥肉丁更好！而且，我注意到一份咸派可以满足5个人的胃口，包括两个成人（没有人要求再添，并不是因为不好吃！恰恰是因为真的有营养），然而用工业面皮和盒装肥肉丁做的版本让他们感觉吃完一块还是饿：都得吃两块！

模具里的硅酮是塑料吗？

是也不是。这是一种混合材料，主要化学成分是硅和氧，在此基础上加入碳氢化合物（塑料的主要成分）。所以硅酮有多种类型……它被广泛应用在医学领域（用于植入，也用来制作月经杯）。在烹饪方面，要注意购买优质的——用手捏不会变白，并且确认能耐200℃以上的高温（模具上通常会有明确指示）。

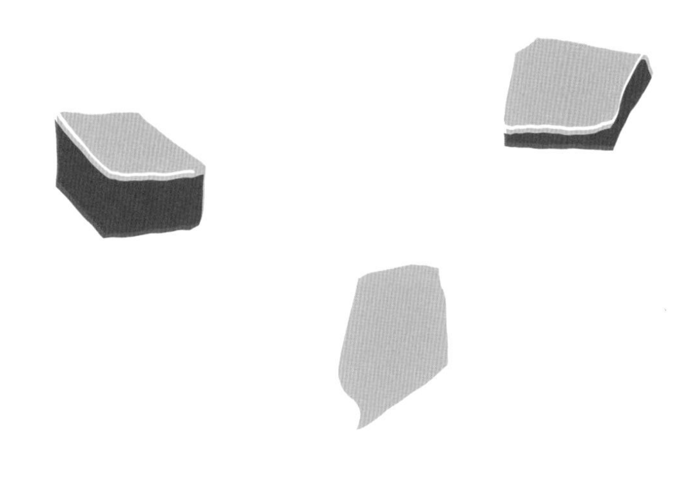

私物领域：化妆品

自制个人用品所需的配料和装备：

➡用来收集和测试除臭剂、牙膏等配方的小酒杯若干；

➡配方通过后，把它们装在随身携带的小金属盒里；

➡一把叉子（在量少的情况下起搅拌作用）；

➡小苏打；

➡精油（用来做牙膏的薄荷或柠檬精油，用来做除臭剂的玫瑰草精油——对这些精油的操作要小心：其中一些不适于儿童和孕妇）；

➡椰子油。

没有邻苯二甲酸酯的浴室

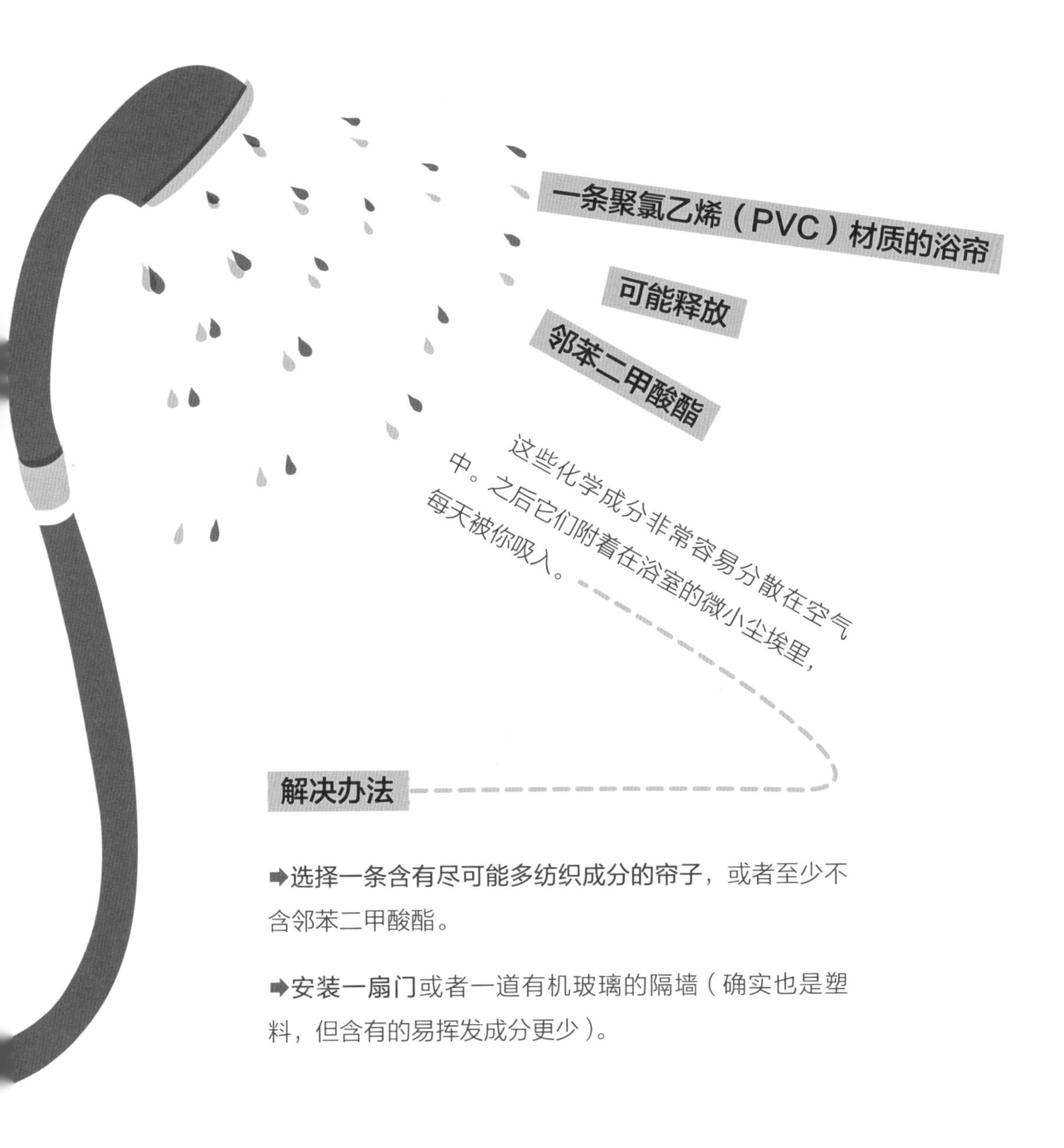

➡**选择一条含有尽可能多纺织成分的帘子**，或者至少不含邻苯二甲酸酯。

➡**安装一扇门**或者一道有机玻璃的隔墙（确实也是塑料，但含有的易挥发成分更少）。

安全的化妆品……

洗发水和沐浴露中可能含有内分泌干扰素

你之前试着读过化妆品成分表吗？是很难看懂。如果你不想你的皮肤吸收这些有害物，一般情况下，最简单的方法就是购买有机产品。

解决办法

➡不选择“流质的”化妆品。

➡购买长条肥皂——通常对皮肤更好（阿勒颇手工皂、马赛皂和阿甘油香皂等），而且没有包装。可以在散装称重商店找到。在附近的超市里，一些品牌只用纸盒包装香皂（比如圣米歇尔山或者黛妍蒂芙，但也有像拉贝这样的超市品牌）。

➡选择固体香波。同样的想法：从塑料小瓶到纸盒包装。固体香波主要在有机商店出售。它很划算，因为比瓶装更耐用。

有点傻乎乎的反应

我丈夫害怕新形状的固体香波会“扰乱”我们的小儿子，他今年4岁。“你懂的，对他来说，不刺激的洗发水是装在白色小瓶里的！我们不能扰乱他的参照！”我什么都没说，下次洗澡时，我扰乱了他的参照。结果是：他很高兴自己往头上擦香波，因为比瓶装泡沫少得多，冲洗过程中也少了很多的喊叫！

我的润肤露也应该换掉

它的包装管不可回收，而且成分也不可靠。

解决办法

➡**决定选择一个可信的品牌**，比如维蕾德（Welleda）——可以在药妆店和有机商店里找到。金盏花那款很实用，适于全家在脸部和身体使用，而且包装管是铝质的。我的皮肤科医生建议选择成分表更短的产品。

➡**也可以选择用干性精油**涂身体，用乳木果油涂头发。

我非完人 但也差不多

如果家里有一个正值青春期的孩子，取消他最爱品牌的沐浴露，可能是继拿走他的手机（和除臭剂）之后的第二大酷刑。所以我家孩子保留了他的阿迪达斯沐浴露除臭剂组合，但只限于在学校和足球更衣室使用！

……塑料包装更少

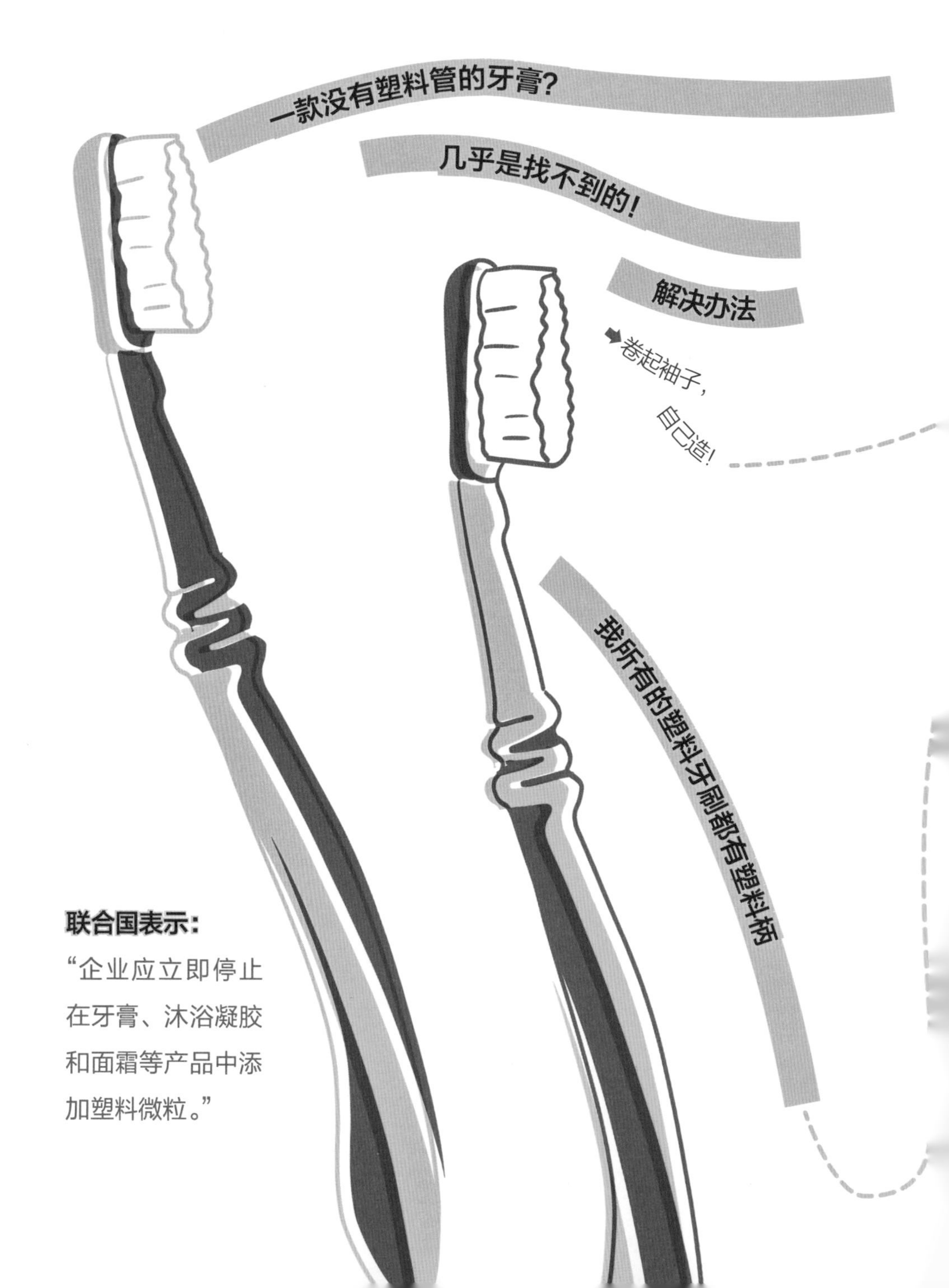

联合国表示:

“企业应立即停止在牙膏、沐浴凝胶和面霜等产品中添加塑料微粒。”

自制牙膏配方

我在一个专注牙齿与口腔健康的信息门户网站（根据你牙齿的需求，提供多种配方）找到了最简单的配方：**小苏打和高岭土粉末比例1∶2，几滴薄荷精油。**

我从几咖啡匙的量开始，把得到的细腻粉末装在一个小陶杯中。3咖啡匙的配料差不多够五个人用两个星期。全家人的配合来之不易……得花点时间才能使孩子把打湿的牙刷头蘸进粉末里，不过第一次尝试过后他们便喜欢了。小苏打的味道有点咸，粉末在口腔中产生和传统牙膏同样的效果——只不过泡沫少些罢了。为保证卫生，我更喜欢少量多次地准备粉末。

解决办法

➡**选一根可完全分解的竹牙刷。**这种牙刷只能在有机商店或者散装称重商店里找到。比可再生塑料材质，或者保留半个刷柄定期换刷头的牙刷更好。总有一天，回收利用不再可行。

关注价格!

有时候，自制值得一试!

比如：固体牙膏卖20元，而成分几乎相同的自制牙膏只要几块钱。还是把钱留着去买那些确实做不出来的东西吧，比如竹牙刷（13元左右），或者在线上或有机商店出售的可反复使用的小挖耳勺（2.6元左右）。

如何替换除臭喷雾、滚珠或除臭棒？

➡去有机商店**找一块明矾石**，非常有效。有圆形的，更易于涂抹。

➡自制除臭膏。

自制除臭剂配方

这是结合不同配方和建议的简化版制剂：

将2咖啡匙的小苏打和3咖啡匙的椰子油用叉子混合，加入4～5滴玫瑰草精油、放冰箱凝固2小时。得到一种有颗粒感的膏体，用手指涂在腋下很舒适，不留白色痕迹。

（在没有那么多时间的情况下）**超级简易的方法**：有人建议直接在腋下滴一滴玫瑰草精油，或只涂极少量非常细腻的小苏打。第一种方法刚开始时的味道很重，第二种方法完全没什么味道。

注意：要用与牙膏不一样的容器盛放（第一天晚上，我丈夫用除臭剂刷了牙）。

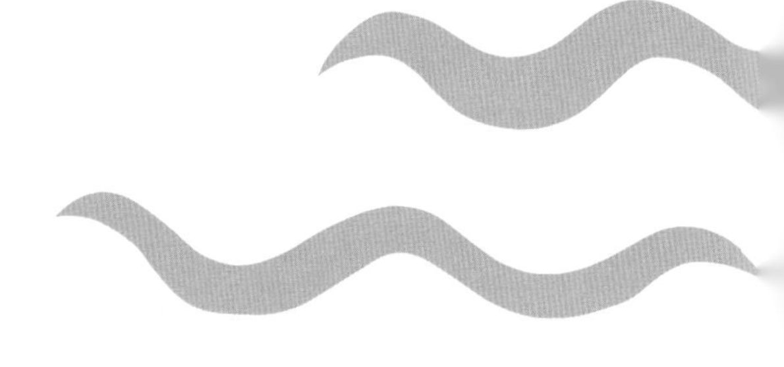

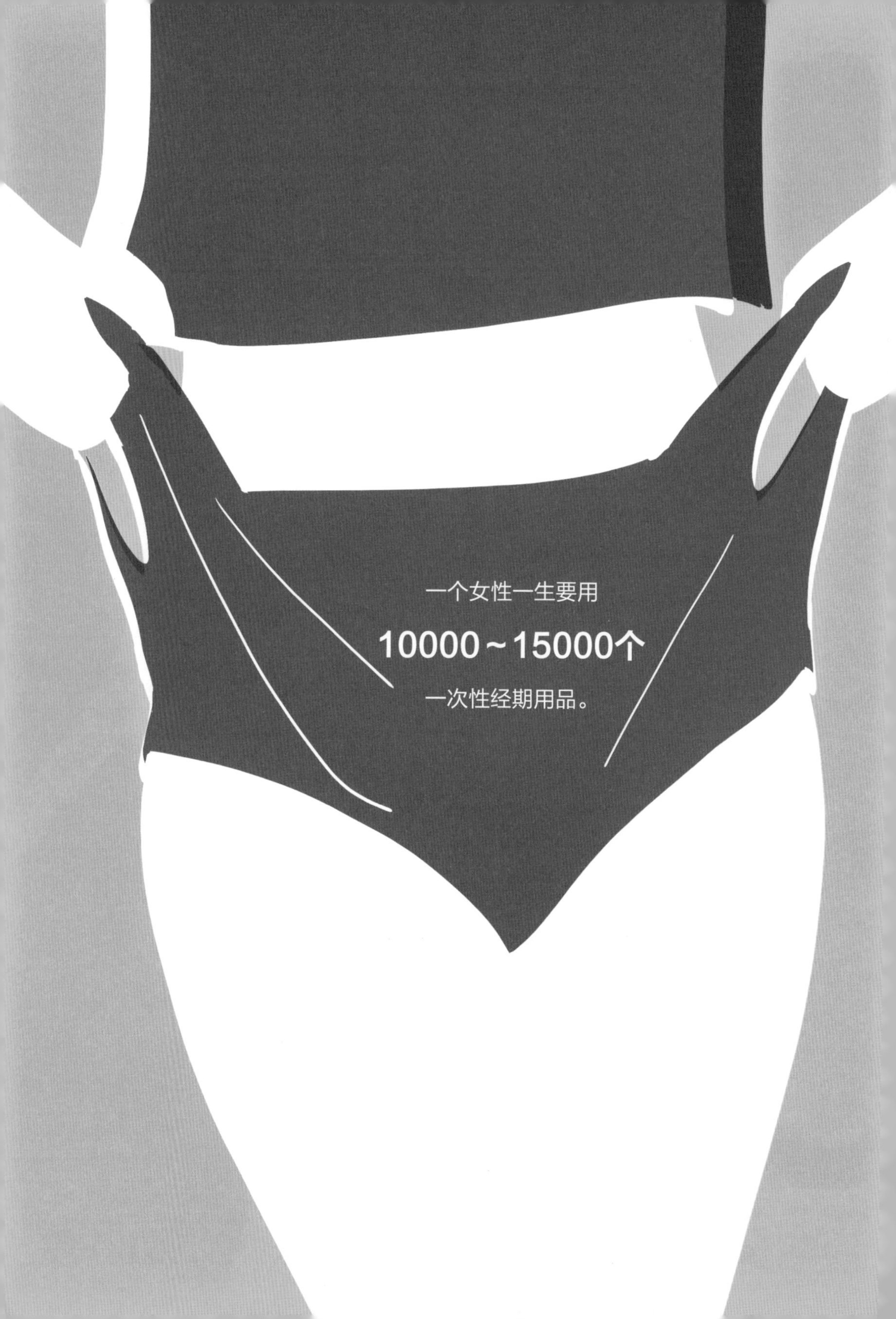
一个女性一生要用
10000~15000个
一次性经期用品。

我和丈夫

个人卫生用品是塑料（和其他劣质产品）的聚集地

塑料在我们身边随处可见，甚至在卫生护垫、卫生巾和卫生棉条里面也发现了塑料，它们的包装袋直接进入垃圾场或焚化炉。

解决办法

➡**购买有机产品**，或者标明塑料含量为零的产品。

➡**告别卫生棉条，尝试使用月经杯。**

它由医用硅酮或热塑性弹性体制成，确实和塑料有关，但不含邻苯二甲酸酯。这种硅酮主要被用来制造奶瓶上的奶嘴。

月经杯使用寿命可长达几年。建议最多收集6小时的流量，然后去卫生间（必须要有洗手池）取出、清空。

我非完人 但也差不多

使用可水洗卫生巾？可以，但只能是安静待在家里的时候。就像使用可水洗尿布一样，必须做好每次使用后在冷水中搓洗，然后再放进洗衣机里的准备。这需要耗费大量时间，出差时完全不可能做到。但周末、假期或者远程办公时准备一些，还是减少了很多一次性卫生巾的使用。

对丈夫和我来说，一次性剃刀可谓是一种灾难

使用2～3次后更换双面刀片的塑料剃刀并没有更好。而且剃刀刮过的皮肤非常粗糙，使我们不得不过度使用润肤霜。

解决办法

➡**电动剃刀**适合男士，如果他喜欢的话……但无法同时满足我们两人各自的需求！

➡**找一把优质的老式不锈钢剃刀**，每年只需更换1～2次刀片，对于男士剃须和女士脱毛都是很好的选择。剃刀20元左右，10片装双面刀片不到15元，用上10年没问题！

从1975年起，比克（BIC）*售出超过**600亿把剃刀**。

* 注：比克（BIC）公司是一家法国公司，生产文具、打火机和剃须刀等。

避孕套是塑料或者合成胶乳材质的

此外，避孕套还含有多种可能引起轻度发炎和过敏的化学成分，如稳定剂、着色剂……

解决办法

➡购买天然胶乳材质的避孕套。

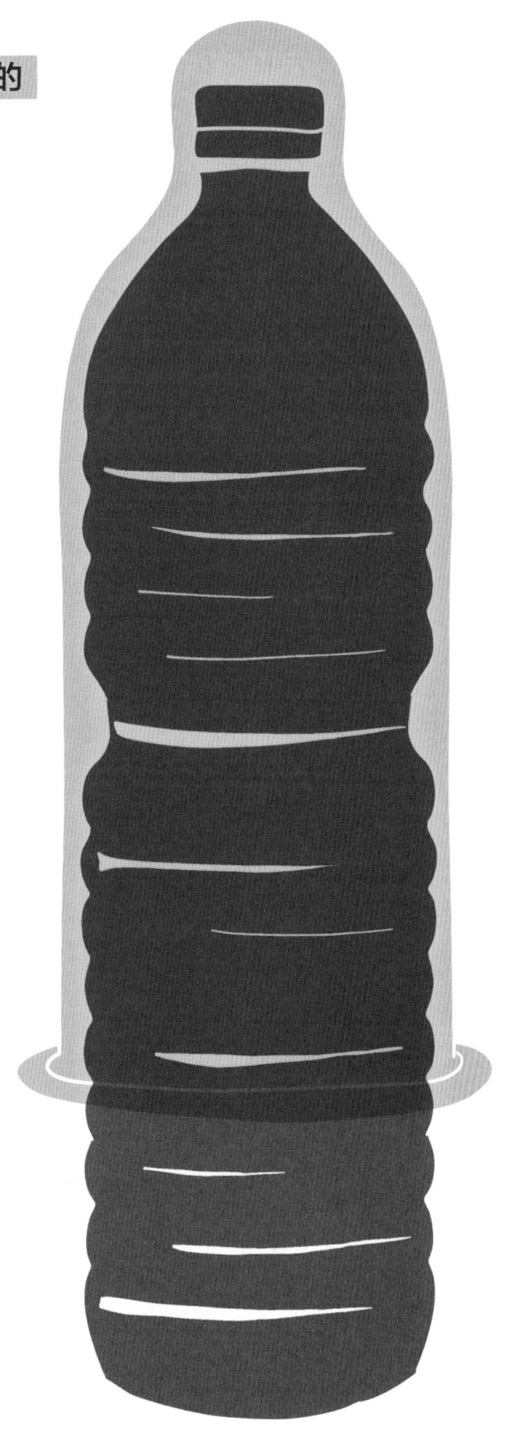

振奋人心的总结！
在一年时间里：

➡少用10管牙膏；
➡少用20把塑料牙刷；
➡少用12～15瓶沐浴露；
➡少用15～20瓶洗发水；
➡少用5～8管润肤霜；
➡少用10包卫生巾；
➡少用5包一次性剃刀刀片。

婴儿洗护

2017年面向6000万消费者展开的调查显示，在年龄10～15岁的43名儿童的头发中有多达54种污染物。其中，在98%的样本中发现双酚，以及10种邻苯二甲酸酯。

一次性尿不湿可能含有致癌物

在婴儿纸尿裤中检测出多环芳香烃。

解决办法

➡不选择普通的和“超低价的”纸尿裤。

➡购买环保纸尿裤，确保不含塑料。

➡或者对于那些非常勤快的人，我推荐可水洗尿布（由衷地敬佩）。

一次性湿巾也令人不安

部分一次性湿巾被曝光含有内分泌干扰素。

解决办法

➡**用棉布和水替代**，这是最简单的办法。

➡或者用**搽剂**替代，如也可以被用作过敏臀部的修复霜。我在药店买了1升，可以用上一段时间，之后再用这个瓶子装我自制的产品。

➡还找到一些品牌，推出**有机棉或天然纤维的方形洗脸巾**。

最好选择纺织原料：有机棉、竹浆纤维（依旧含有10%的聚酯）或者源自桉树的天丝纤维。花10元，我们可以买一块棉质方巾、一只纤维手套和一条竹纤维方形洗脸巾来试一试。

搽剂配方

（摘自卡米尔·拉蒂亚（Camille Ratia）的《生活垃圾零排放》(*Zéro déchet*)

100毫升石灰水（可以在药店或有机商店找到）、100毫升有机橄榄油和5克隔水加热融化的蜂蜡用来使膏体稳定（否则每次使用前都要耐心搅拌）。

蜂蜜：美容保健的王牌

哺乳期的妈妈们刚开始常常会出现乳头皲裂的现象。在不使用工业乳霜的情况下，可以在每次喂奶后将4～5滴柠檬与1咖啡匙蜂蜜混合涂抹于乳房。柠檬有助于伤口愈合和消毒，蜂蜜有缓解疼痛、皮肤再生的功效。

蜂蜜也可以用作补水面膜或修复唇膏，使我们能够避开经常被添加到唇膏棒中的硅酮。在网上或者指南中可以找到非常容易操作的配方，通常在其中加入蜂蜡和/或一种植物油。

家务日常

自制清洁用品所需的配料和装备：

➡瓶子和桶（塑料材质）用来储存清洁厕所、地面、厨房和浴室的液体（保留你最后一次购买产品的包装桶）；

➡用来装混合物的双耳盖锅；

➡一个不锈钢材质的搅拌器；

➡一个漏斗；

➡白醋；

➡黑肥皂；

➡柠檬酸；

➡面粉。

既无效又危险的产品

清洁产品污染室内空气

吸入清洁后留下的化学气味没有任何好处。清洁产品中的阻燃剂和邻苯二甲酸酯可以附着在尘埃或者刚刚清洁过的家具表面。

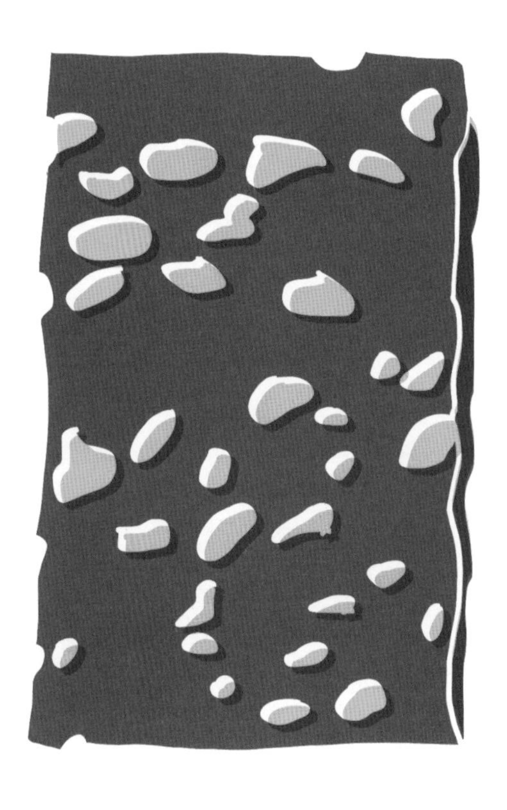

解决办法

➡**不选择各式各样具有刺激性的产品。**不需要一瓶用在洗碗槽，另一瓶用来清洁洗脸池和浴缸，又一瓶用来擦地，最后还要有一瓶洗厕所。

➡**购买黑肥皂和白醋**，用这两样产品可以搞定所有家务。

我有位朋友是个白醋迷。她把白醋放在各种地方（白醋在清洁的同时还能去除水垢）。她甚至在淋浴间里也囤了些白醋，每次出浴前都用海绵蘸取一点擦一擦淋浴间！

我有点难以接受白醋的味道。我尝试加入精油，但结果依旧难以接受。于是我转向了液态的黑肥皂，根据是要擦拭洗碗槽还是清洁地面选择是否稀释。产品气味中性，有很好的除油污效果，也可以用作衣物去污剂。

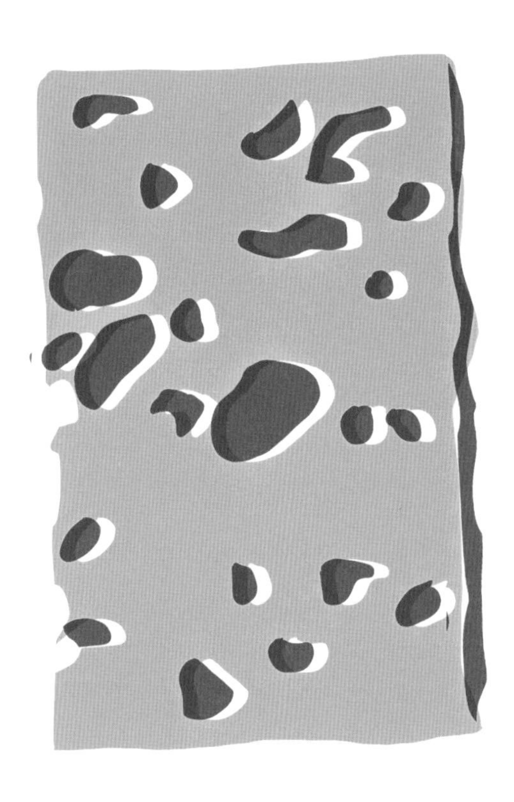
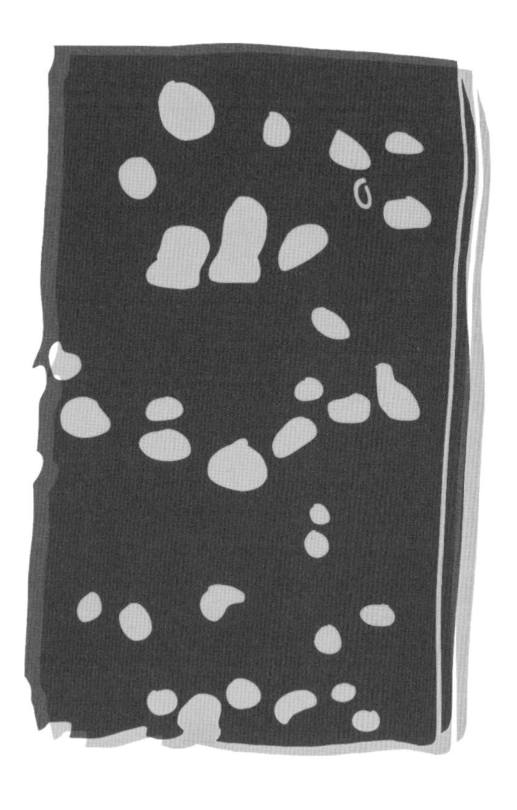

自制产品

黑肥皂可能没有效果……

比如对去除马桶底部的污垢没有太大的帮助。

解决办法

➡尝试一些自制制剂!

除垢剂配方

面粉加柠檬酸!从前,我都是把水排干——马桶底部的石灰石味超级难闻,然后倒入白醋。现在,我微笑地站着而非跪在马桶前,撒一点面粉,然后再来点柠檬酸。在家人入睡后按照这样的顺序清理。最后按下冲水按钮,把马桶刷干净。好吧,边缘还残留一些痕迹,但坦率地说,对所付出的努力而言,结果已经相当令人满意了!感谢热雷米·比申(Jérémie Pichon)和贝内迪克德·莫雷(Bénédicte Moret)的《零垃圾家庭》(*Famille zéro déchet*)!

扮演一名小化学家也有风险。有个朋友想疏通浴缸,她稍稍改动了在一本指南中找到的配方,将小苏打换成洗涤碱。"都是一样的!"结果当然不是:她发现在排水口上结了层非常密实的凝皮!

有点傻乎乎的反应

这次状况发生在我哥哥身上。在他看来，一个产品如果不是蓝色或者荧光绿色的，就不会有效果。倒进厕所里的凝胶必须颜色鲜艳而且有很重的薰衣草或者桉树的味道。虽然他也认同自己的想法非常荒谬，白醋更好（出于所有我们向他解释的原因），但他不会选择白醋。在抽水马桶前，必须有鸭嘴形设计的包装桶，桶里装上次氯酸钠消毒液，他才能安心。

（他还拒绝使用自制除臭剂和竹牙刷，原因我们不得而知……）

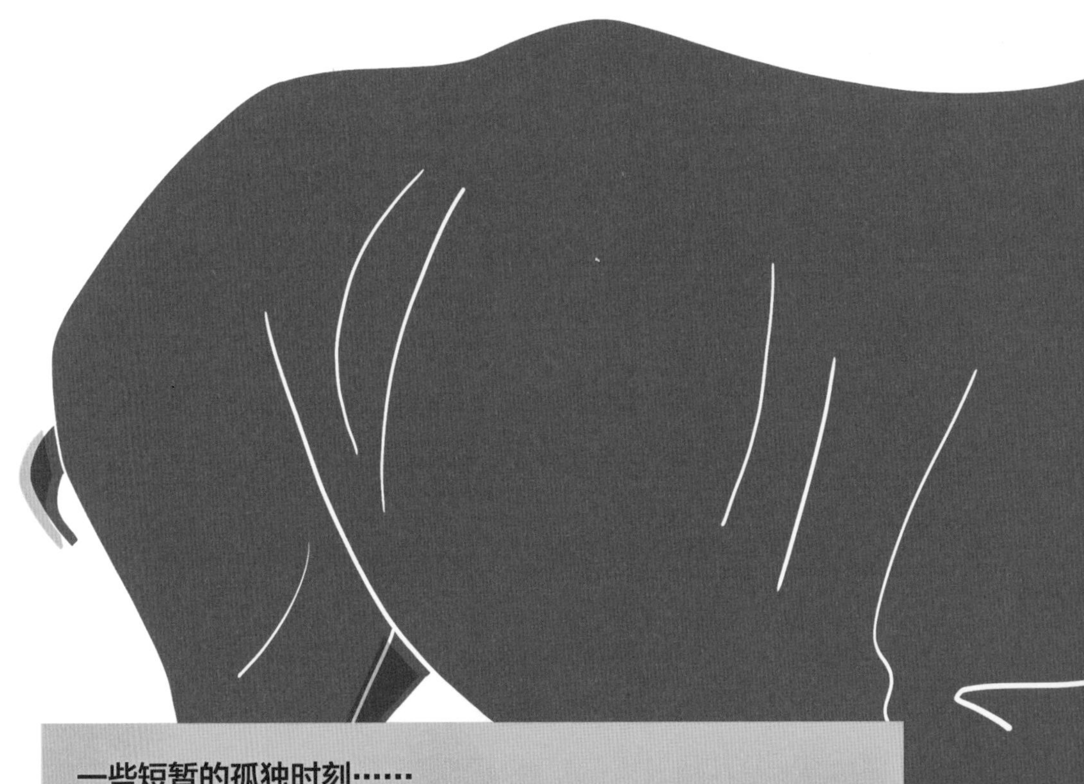

一些短暂的孤独时刻……

制作洗洁精：第一次测试！

我首先尝试了一个以碎柠檬和白醋为基础的非常简单的配方。

当天晚上，我丈夫发表他的判断："不起沫，气味难闻，我手上的醋味三天都去不掉。"他有这种野蛮犀牛般的粗鲁反应，是因为还没做好改变世界的准备！我当时心里这样想着，没给出任何回复（效果胜于雄辩……）。然而，第二天，独自站在洗碗槽前，我不得不承认我家"犀牛"说得很公允，而且这款产品根本就不能去油污……

制作洗洁精：第二次测试！！

这次，我测试了一种黑肥皂和小苏打的混合物。当第一次用它洗碗时，我像广告里演的一样高兴得跳了起来：它能去油污！但后来再用它洗碗时，就没有效果了。我不是化学家，但我能肯定：有些混合物的效果并不持久……

折中的解决办法

➡在散装称重商店买一个可续的小桶装。
至少减少了塑料瓶的数量。

➡**回归奶奶的方法：**用非常烫的热水洗碗！仅此而已！

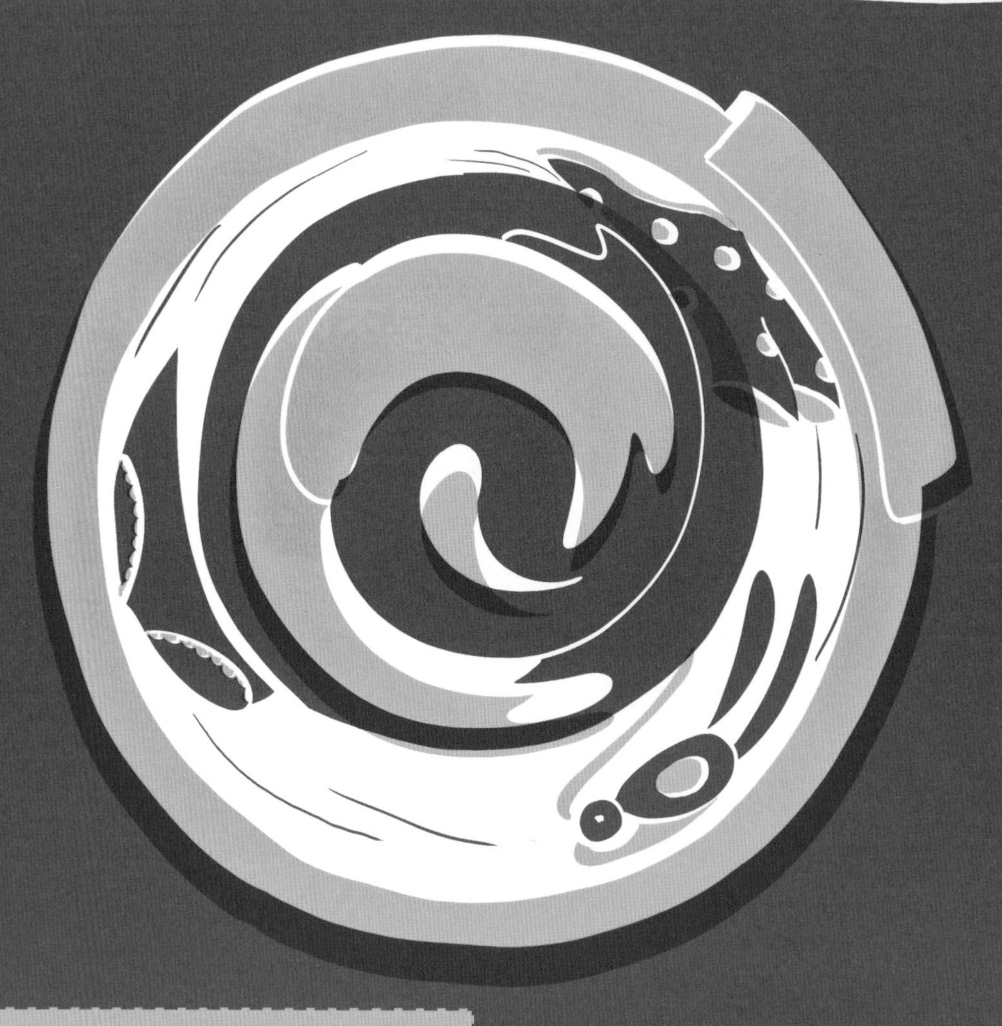

振奋人心的总结！

橱柜里少了5个桶：洗衣液桶、柔顺剂桶、洁厕专用产品桶、厨房和浴室地面专用产品桶、洗碗机清洁产品桶！

节制万岁！

洗碗机必须搭配洗碗粉和漂洗剂

只是一台家用电器就已经要占2个桶了。

解决办法

➡**购买三合一的洗涤块**（洗涤剂、漂清剂和软水盐三合一），外面包裹的薄膜可溶解在水中。摆在纸盒里，搞定！

洗衣机需要洗衣液和柔顺剂

可是，洗衣液和柔顺剂也是装在桶里的。

解决办法

➡**选择纸盒装的洗衣粉**（环保替换装也是塑料的），取消柔顺剂！我在以常青藤为原料的自制剂前退却了（说实话，嫂子做的浓稠混合物使我感到害怕，尽管每次洗衣前她都用棍子搅拌，混合物还会在放制剂的格子里膨胀，最后全部溢了出来）。

衣帽间

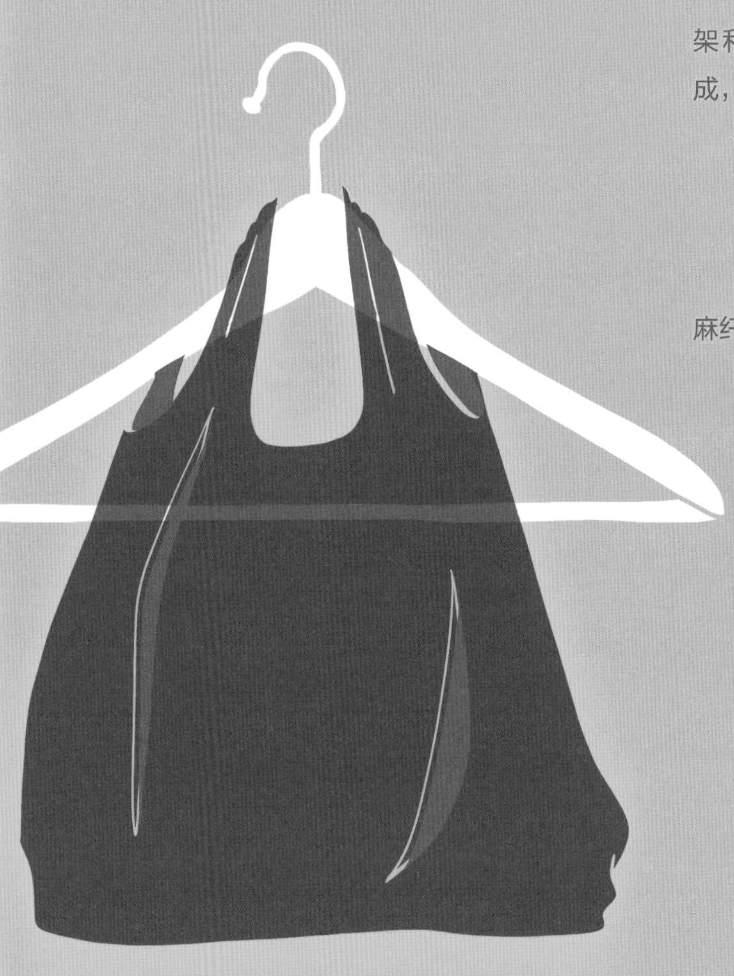

一个无塑的衣柜由木制衣架和挂在上面的天然面料组成，包括：

➡棉；

➡亚麻；

➡羊毛；

➡新型纤维（竹纤维、大麻纤维、天丝……）。

避开容易引起过敏的面料

聚酯、聚酰胺、戈尔特斯、摇粒绒、魔术贴……我们的服装绝大部分是用以塑料为基础的合成纤维制成的。

某些合成材料会引起过敏

法国国家食品、环境及劳动安全署2018年7月发布的一项研究表明，在20种用来制作服装的化学物质和50种用来做鞋的化学物质中检测出了可能引起轻微发炎或过敏的成分。事实上，合成树脂主要被皮具厂用于皮料和橡胶的黏合。

在《塑料星球》(*Plastic Planet*)这本书中，维尔纳·布特(Werner Boote)和格哈特·普瑞亭(Gerhard Pretting)还提到锑，这是一种有毒的类金属，在由聚对苯二甲酸乙二酯(PET♳)加工的摇粒绒中发现了它的痕迹。

解决办法

➡在穿戴前，**清洗含有合成纤维的全新织物**。

➡**购买天然纤维材质的服装**。

全世界每年生产

7500万吨

纺织纤维。

其中**2/3**是合成的。

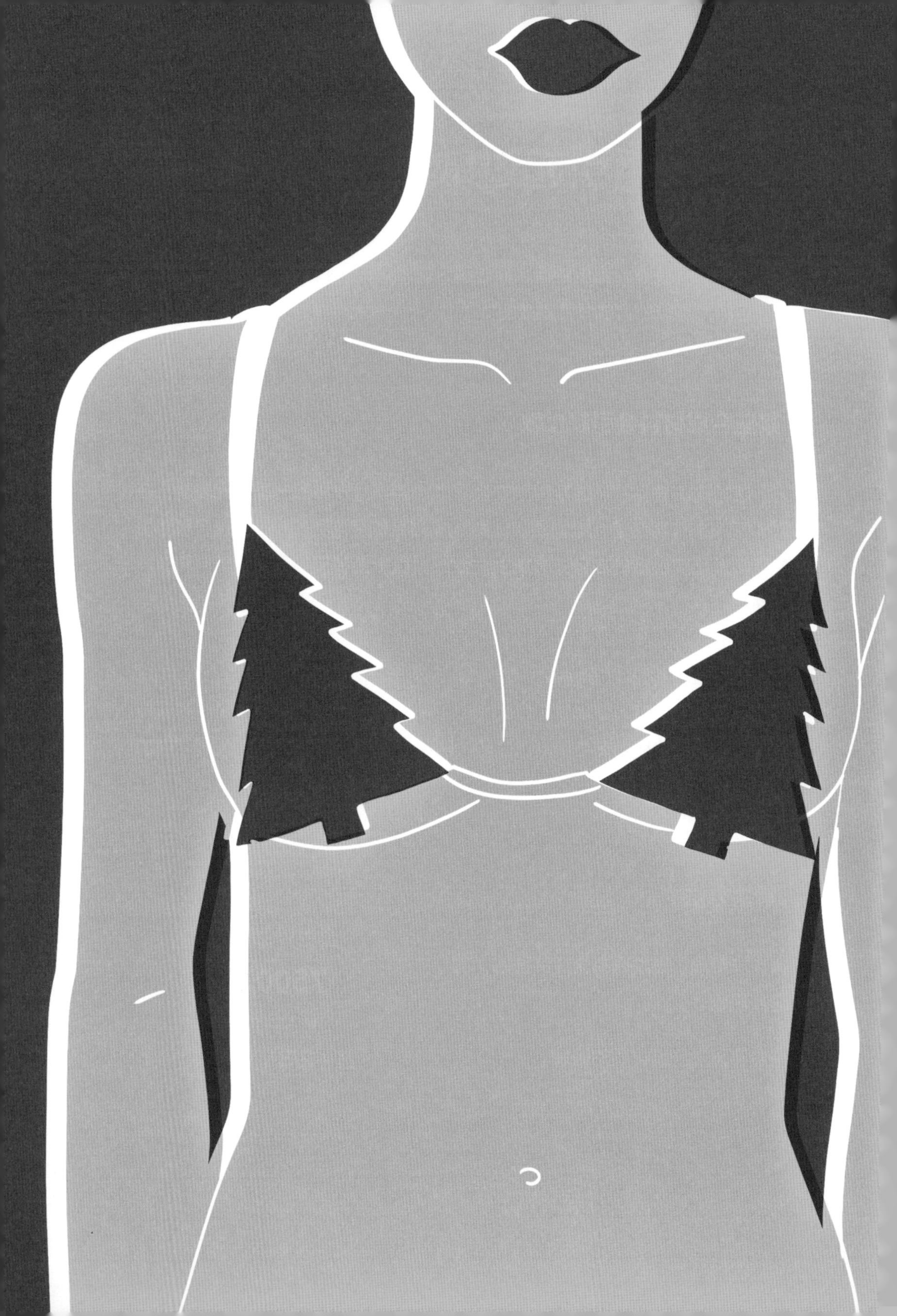

穿得天然

合成纤维在纺织工业中占重要地位

有可能避开合成纤维吗？我们可以使用的天然面料有哪些？

解决办法

➡有一些很容易找到的：

- **棉、亚麻和羊毛**（人们喜爱的安哥拉山羊毛、羊绒、羊驼毛和马海毛，穿着舒适且品质持久）。

➡我还发现了一些新面料：

- **大麻纤维或者竹纤维**——不是只能留给熊猫做食物哦！
- **天丝**（也叫莱赛尔），是一种从木头里提取的纤维。

要知道

每次机洗时，有无数塑料微纤维从合成材质的衣物中分离出来，分散在水中……

改变习惯

天然面料的衣服通常价格更高

如何穿得既健康又经济呢?

解决办法

➡**去旧货店和二手服装网站上转一转**（好吧，我个人有点难以接受，但至少应该尝试一次）。

➡**开始编织**（或缝纫）。我尝试编织：说实话，找一本给初学者看的款式目录和一些竹针，很容易就能做到，而且进展神速！不到一个月的时间里，我先给自己织了条围巾，又织了件背心。就用我自己选的既好看又“对环境负责的”粗毛线。

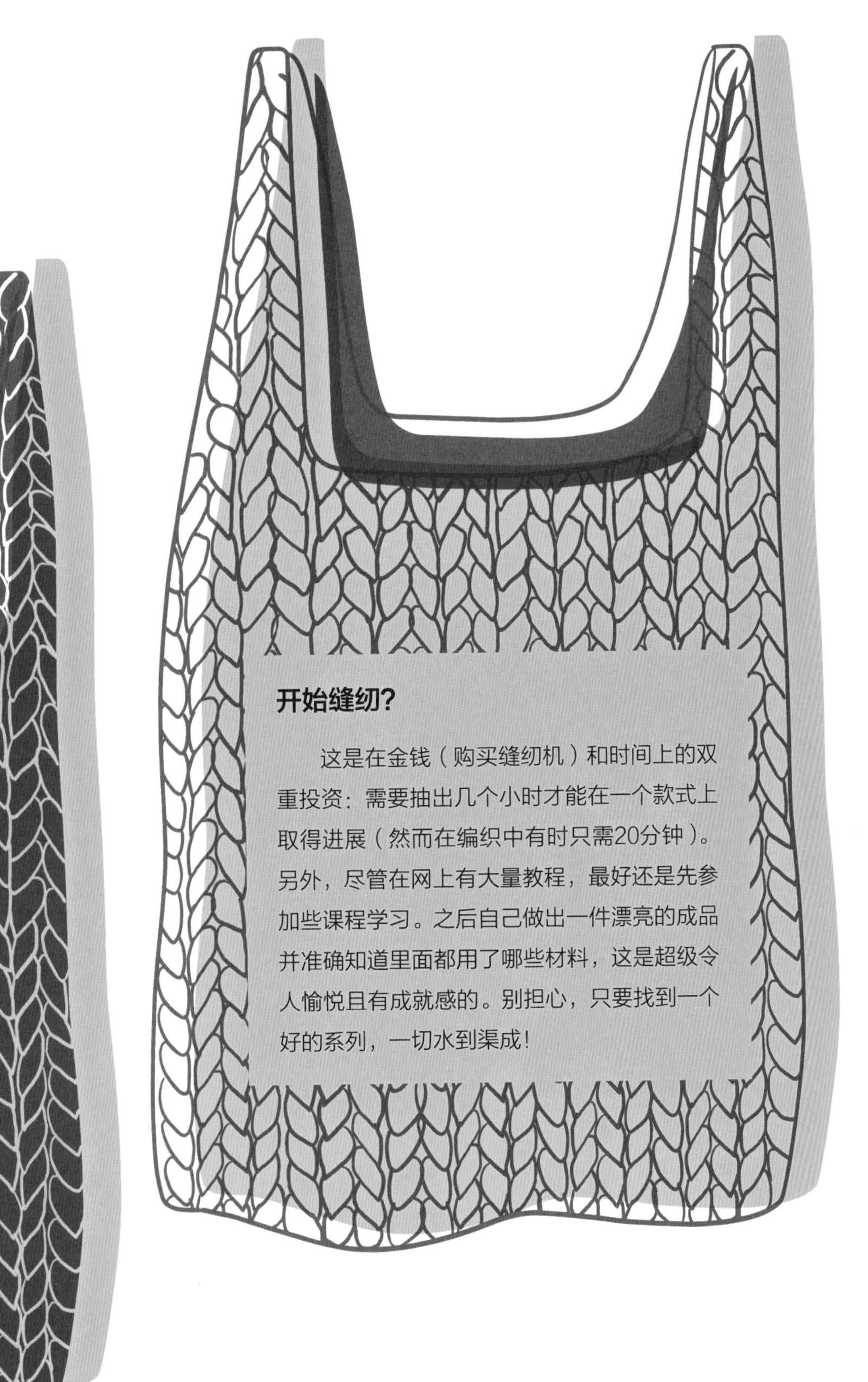

开始缝纫？

这是在金钱（购买缝纫机）和时间上的双重投资：需要抽出几个小时才能在一个款式上取得进展（然而在编织中有时只需20分钟）。另外，尽管在网上有大量教程，最好还是先参加些课程学习。之后自己做出一件漂亮的成品并准确知道里面都用了哪些材料，这是超级令人愉悦且有成就感的。别担心，只要找到一个好的系列，一切水到渠成！

我不信任品牌

解决办法

➡**信赖可靠的标签。**

- 国际环保纺织协会（Oeko-Tex）：保证织物不含有毒物质；
- **全球有机纺织品标准（GOTS）**：表示至少含有75%的有机材料；
- 法国国际生态认证中心（Écocert）：表示至少含有70%的再生或可回收天然材料。

一个法国人平均每年制造
9千克
的纺织垃圾。

只有
2千克
多一点被回收利用。

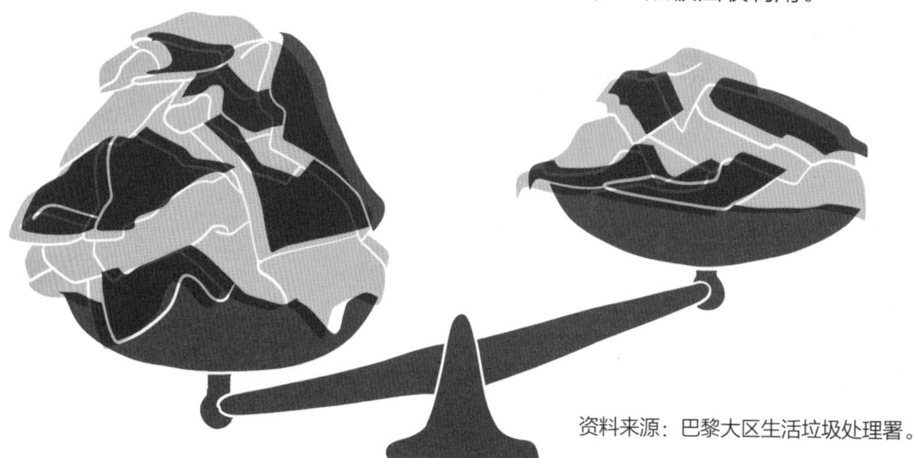

资料来源：巴黎大区生活垃圾处理署。

“升级改造”，大势所趋！

如何处理旧衣服

丢掉它们可能会对环境造成污染，尤其是在其中含有塑料的情况下。

解决办法

➡把它们送去回收，比如放进居民区的回收箱里。

➡**更好的办法**：环视衣橱，找出仍旧可以提供点素材的旧衣服，**然后探索升级改造**，“创意重用”！

什么是升级改造？

就是通过改造赋予衣服第二次生命（一条裤子可以变成一件小上衣）。裁缝在你提供的布料或者未售出的库存基础上施展所长。

与儿童相关

从卧室到书包，小朋友的优质装备包括：

➡材质是木头、织物或者除聚氯乙烯（PVC）以外的塑料的玩具；

➡可以重复使用的学习用品；

➡棉质罩衫和不锈钢水壶；

➡与小伙伴的出游和聚会，我们选择一起制作而非购买一次性道具。

玩具

可能是有毒的

聚氯乙烯（PVC ♳）是一种被用来生产玩具的塑料。然而它含有多种邻苯二甲酸酯，其中一些会对内分泌造成干扰。部分被禁用，仍被使用的那些并没有全部经过深入的研究。但小朋友会把玩具放进嘴里慢慢啃嚼，我们也可能在拆开包装给玩具充气时吸入玩具释放的邻苯二甲酸酯。

解决办法

➡**不选择一切**与唾液或热量接触会**变色**或者变软**的塑料玩具**。同样不选择有化学品“气味”的。

➡**避开含有聚氯乙烯（PVC）的玩具。**

➡**给软塑料材质的玩具通风。**

➡**尽可能选择织物或木头材质的物品。**有各种各样用织物做的毛绒玩偶、长毛绒玩具和书籍。当然要选择天然纤维材料的，避免幼儿吞下由石油制成的合成纤维。

要知道

对三岁以下儿童用品的管理相当严格——大量过敏原被禁止，标签指示更加明确……对于给年龄更大一些的儿童的玩具，管理就没那么严格了。

我非完人
但也差不多

很难不让孩子玩那些当下流行的玩具，而这些玩具往往都是塑料的。但总有办法选出我们了解其材料来源的最新款超级英雄玩偶。

玩具娃娃具有多种隐患

Nesting计划指南明确指出，用合成纤维制成、有香味或者有电子零件装饰的玩具娃娃含有多种有害物质，包括合成纺织纤维中微量的锑（一种有毒的类金属），软塑料组成部分的邻苯二甲酸酯，以及带香味的娃娃所含有的多环芳香烃……

解决办法

➡最好选择**用天然纤维加工和装饰的**玩偶。

➡**不要购买“好闻”的玩具**（通常来说，是添加了多环芳香烃的缘故）。

塑料对婴幼儿的危害更大

低龄儿童对塑料上可传播的有毒物质尤为敏感：他们的免疫系统正在发育，肺比成年人的更加敏感。因此必须避免他们吸入、接触或者把可能含有一大堆有害物质的塑料玩具放入嘴中：从着色剂到金属再到溶剂。尤其是在与内分泌干扰素有关的毒性方面，剂量和年龄都构成危险要素，比如，对低龄儿童或者胎儿的危害要比对40岁的成年人大得多。

需要在购买玩具前查看的提示和标识

提示：“不含聚氯乙烯（PVC）”和“不含邻苯二甲酸酯”。标识：

中国环境标志（俗称“十环”），它表明产品不仅质量合格，而且符合特定的环保要求，与同类产品相比，具有低毒少害、节约资源能源等环境优势。

OEKO-TEX®

纺织品领域的全球认证。

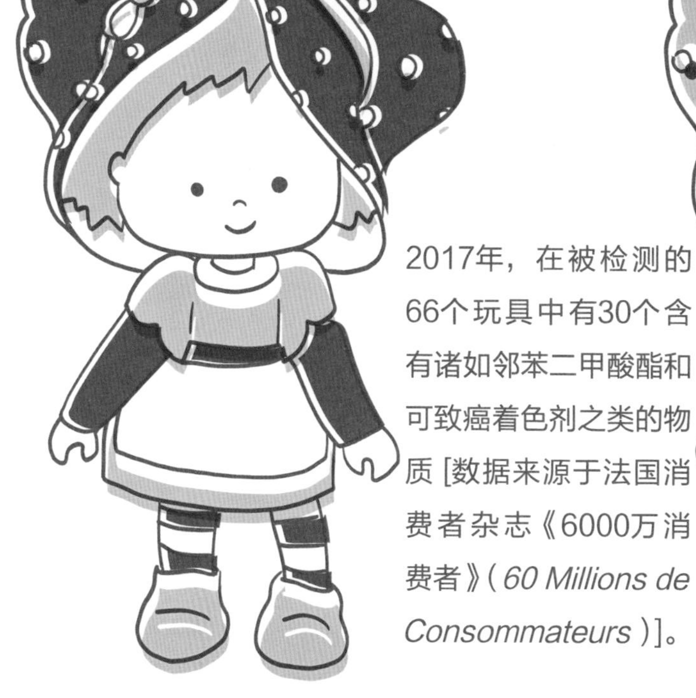

2017年，在被检测的66个玩具中有30个含有诸如邻苯二甲酸酯和可致癌着色剂之类的物质[数据来源于法国消费者杂志《6000万消费者》（*60 Millions de Consommateurs*）]。

在学校

合成材料的背包、聚丙烯加固护封的笔记本、塑料直尺和角尺……学习用品简直是“塑料的天下”……

笔记本护封：1
聚丙烯封面：0

你很熟悉这些有塑料封面的时髦笔记本，因为结实，所以确实很实用。质量好的老式护封可以在年底取下来，重复使用。然而聚丙烯封面最终很可能会被放进装可回收垃圾的袋子里——不过各地情况并非全都如此，因为大部分人会懒得在丢掉剩纸前把它剪下来……如果你的孩子很细心，也可以尝试干脆不给笔记本加护封！

既结实又时髦的背包是用由石油提取的纤维制成的

解决办法

➡用到旧为止。

回收、送人，总而言之要反复使用!

我非完人
但也差不多

也可以在私人旧货集市上购买二手的背包、书包和笔袋，给物品第二次生命，推迟它们变成垃圾的时刻。但因为我家孩子对此没什么兴趣，所以我与他们达成协议：他们喜欢的背包和笔袋各买一个，但要用到破得不能再破为止，所以选择一个就要用上几年（理想状态是整个中学阶段不再购买）。

实用套装

一些网站推出适合小学生或中学生的环保“套装”，相当实际地解决了我们所关心的问题：可循环包装、不含有毒成分，如可续装的胶水、荧光笔和钢笔。

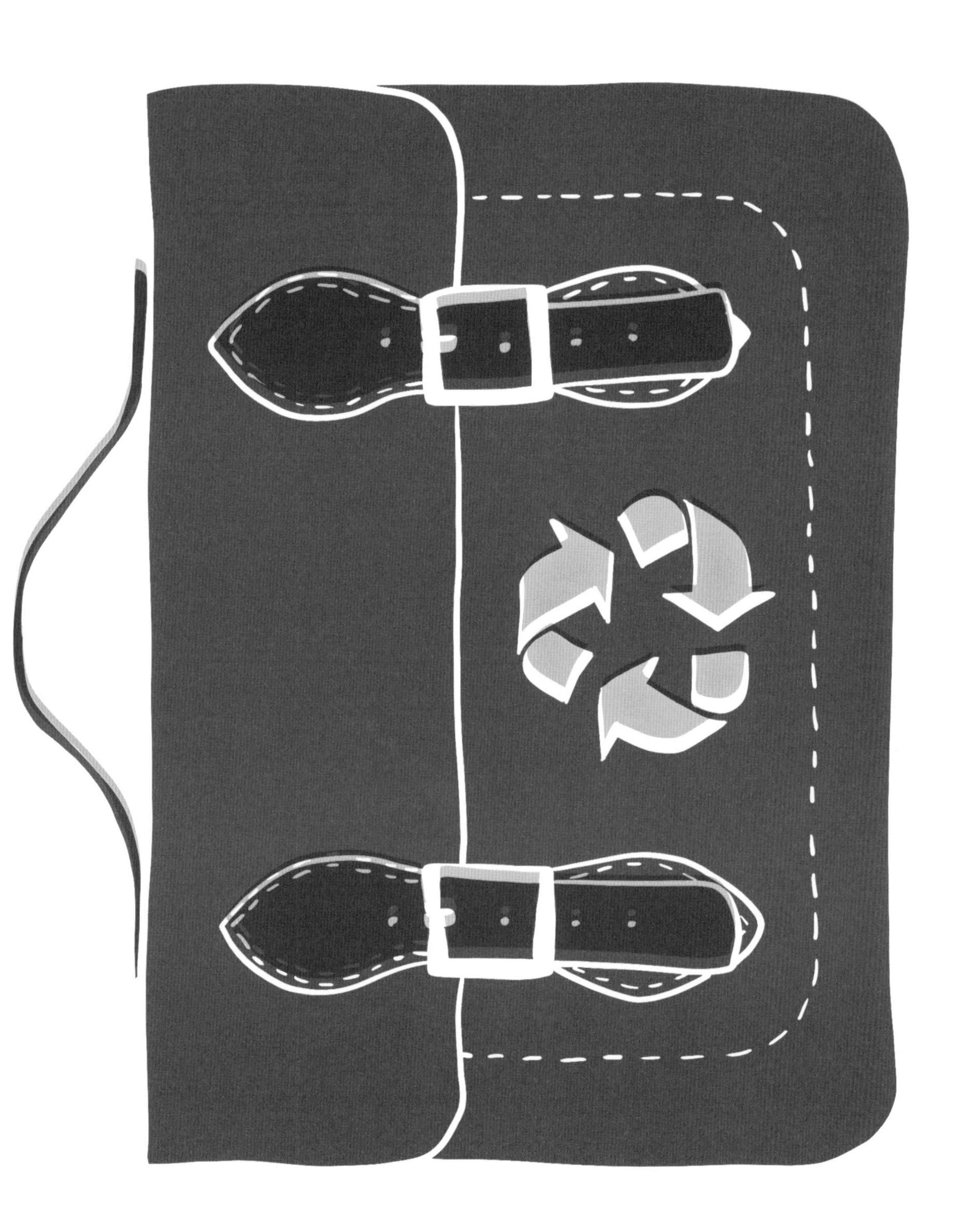

对于小件文具，该如何是好？

解决办法

➡**在可能的情况下，选择木质或金属材质的用品**（直尺、角尺、量角器、卷笔刀、圆规），不会装在书包里随便一丢就摔坏了。

➡**我买了些**带优质老式墨囊的**钢笔**，但孩子们向我解释说在中学里没人再用这种钢笔写字了……于是我们选择了可换芯的**四色原子笔**。（他们的理由：相比于买4支不同的笔，这样产生的塑料更少。的确是这样。）

➡**尽可能选择可续装的产品**，比如修正带和里面的替芯，还有有替芯的荧光笔。

➡在寻找过程中发现一些新产品，比如施德楼牌的**干性荧光笔**、**木杆彩色铅笔**或者用纸或木头做的笔。

➡水彩笔、彩色铅笔和装它们的包装盒，以及水粉颜料、胶水，很难避开塑料。**于是我购买再循环、可回收**，或者由天然材料制成的产品——比如辉柏嘉推出的以甘蔗为原料的可回收胶管。

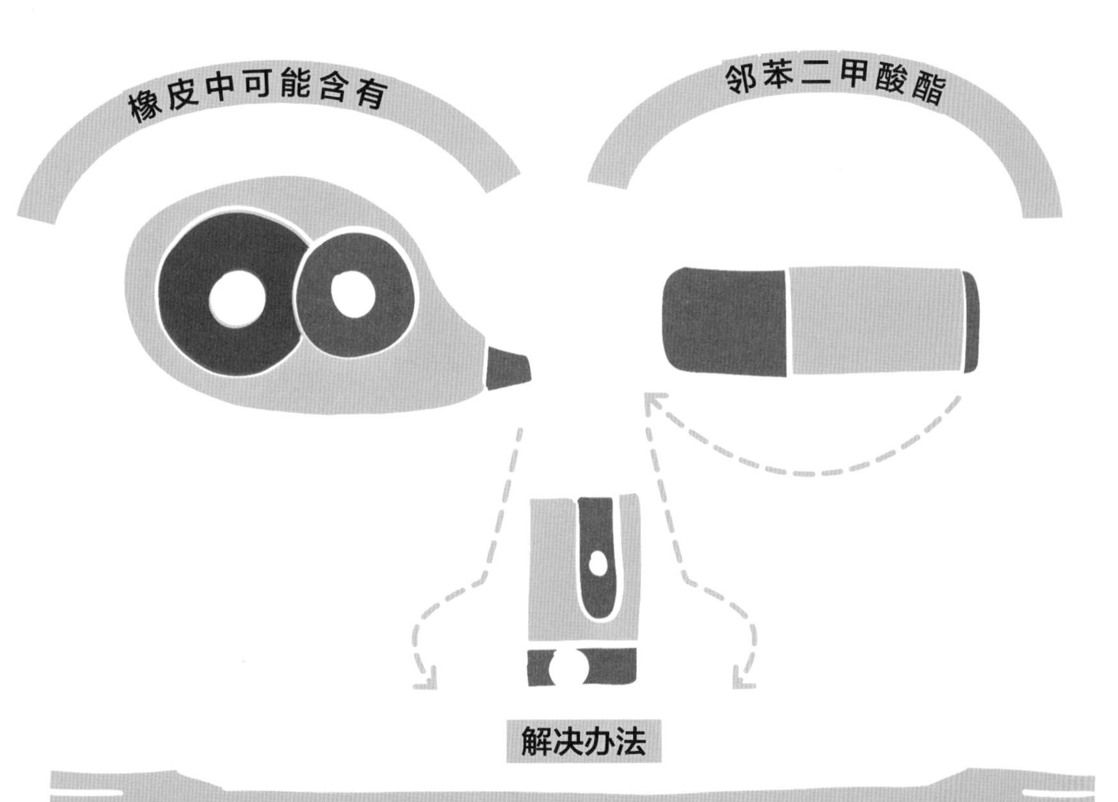

解决办法

➡选择带有“不含聚氯乙烯（PVC）”标签的。

➡更好的选择是（天然或者合成）橡胶材质的。

塑料活页袋，一项糟糕的发明

每年夏天，我和孩子们都要在可回收垃圾箱前花上1小时，把整理在这些臭名昭著的活页袋里的纸一张张抽出来。大多数情况下，他们不会再用这些纸张。我们把纸丢掉，将活页袋收纳在一个文件夹里，留着来年再用，这是一种实实在在的幸福……

有“绿色”文具吗？

我们还可以找到另一种材料的档案夹和文件夹吗？

解决办法

➡**还有纸板材质的档案夹、单页文件夹和分隔索引页。我们把它们保存好，反复使用。**每年，我家的两个中学生都保留尽可能多的文具……我们也清空足够中学四年用的文件夹。我们甚至把几乎没怎么用过的笔记本的前几页扯下来，留着第二年打草稿用。

老师要求带一件画画时穿的防水罩衫

我选了件有赛车图案的，后来才意识到它是100%聚氯乙烯（PVC）材质，还含有具有挥发性的邻苯二甲酸酯混合物！

解决办法

➡**小儿子会很骄傲地穿一件爸爸的旧衬衫**，如果弄湿了，画一幅画的时间就能干！同时我也提醒老师和其他家长不要买街角超市里卖的罩衫。要坚决避免！

单件购买

如果你想拥有健康环保生活，想办法避免被一大堆塑料薄膜团团围住是很有必要的——这些薄膜包裹着在超市里4~5本一起出售的笔记本，还包裹着钢笔、胶水、橡皮、笔记本护封……所以：更好的办法是去街角的文具店转一转。带上优质的老式草编手提包，我避开一切包装，准确地购买我们所需要的数量的笔记本，而且是由孩子们选择的颜色。要想得到像在大超市里那样有竞争力的价格，有一个办法：团购。需要学生家长协会统一组织，既能遵循老师的要求，又满足家长对于避开塑料和其他有毒材料方面的诉求。文具店把每笔订单都准备在一个纸箱里，给你个不错的折扣！

野餐、下午点心和外出

大多数装下午点心的盒子都是塑料的

另外，孩子们通常会在去参加足球或者田径训练的路上顺便买瓶水。

解决办法

➡**家里再也没有塑料瓶了。**正如我们所看到的，重复使用或者被置于高温下的塑料瓶会带来吞下塑料微粒的巨大风险。所以我选择购买不锈钢水壶，家里每个人都有自己的水壶。

➡至于装野餐或者下午点心的盒子，**也有不锈钢的午餐盒**。

如何组织一场无塑生日会？

这确实是个问题，因为生日会往往能在最少的时间和空间中聚集最多的塑料！回想一下：有“动画”图案的一次性餐盘，配套的不可省去的一次性杯子、吸管、孩子们喜欢穿戴的化妆服或面具、最流行的游戏，比如钓鸭子，更不用说伙伴们带来的礼物了……

解决办法

➡从儿子画的**“自制”邀请卡开始**。

➡提前几晚或者一个周末准备装饰，可以**用小瓶子做花瓶**，或者用玻璃酸奶瓶**做蜡烛灯罩**。

➡为了替换钓鸭子，我们用一大张彩色纸板做支架，用一个织物球和装了或多或少的沙子的食品罐头做了个**“打翻一切”**，在室内、室外都能玩（为保护耳朵，建议在地毯上进行游戏）。

➡**经典的寻宝游戏也很受欢迎**：孩子们集体出动，可以把下午茶元素作为寻找的宝藏（一个装满甜饼干的盒子、一大广口瓶的糖果、一些吸管汤匙——他们总是对这种餐具感到很惊讶！其他想法：只用一条床单在花园或者卧室里搭一个临时的圆锥形帐篷，把不含塑料的化妆服藏在里面）。

➡**对于下午点心**：在前一晚一起做一个蛋糕，用小纸盘分装，果汁装在普通的玻璃杯里！无需将生活复杂化。

我非完人

我们不能向家长规定送些什么礼物，哪怕建议他们避开塑料也很难开口……除了对跟我们很熟的人。所以只能作罢……但还是得瞥一眼收到的礼物的成分（以防必须使它们不引人注目地消失）。

房屋和花园

做出明智的选择：

➡不含碳氢化合物的隔绝材料；

➡室内的瓷砖、地板和地砖；

➡室外的木材。

建造、翻新：选择合适的材料

如何在不使用塑料的前提下给房屋做隔热？

甲醛是一种具有很强挥发性的有机合成物，存在于聚氨酯隔热泡沫中（即使被使用得越来越少，我还是在我家的屋顶架，也就是我儿子的床的正上方发现了它）。

解决办法

➡在对添加剂有所了解的前提下，**选择天然的隔热材料**（大麻、羊毛……）。

如何避开聚氯乙烯（PVC）的地面和窗户？

这种塑料很便宜，但含有邻苯二甲酸酯。

解决办法

➡如有可能，选择用**天然地板或瓷砖铺砌地面**（机织割绒地毯也会含有塑料的成分）。

➡**选择铝制或木质的窗框。**

➡**每天给房屋通风**，定期使用吸尘器。

学术表达：“释放”。我们用这个词来表示挥发性成分被放置几周、几个月、几年后，在空气中以持续或断续的方式扩散的情况。

“挥发性有机物”是什么？

“挥发性有机物”是由某些装修材料，以及家具、装饰品、室内香薰……释放到空气中的分子。它们混合在尘埃里，被人体吸入，具有刺激性，可引起过敏或增加致癌风险。在塑料方面，我们在聚氯乙烯（PVC）中找到挥发性有机物。这些是臭名昭著的邻苯二甲酸酯，其中一些已经被证实为内分泌干扰素。除双层玻璃窗外，聚氯乙烯（PVC）还存在于电视机的电缆、个人电脑或电子游戏机中。

无毒装修

大部分涂料都含增塑剂

甚至是以危害性低、无味而著称的水性涂料也含增塑剂。

折中的解决办法

➡这很复杂，因为即便有很多的标签（比如法国NF标志），也只能保证含有更少的石油化工产品。**尽管如此，仍有一些品牌推出一种不含增塑剂的混合物。**

➡**只有那些用水和天然粉末（白垩、黏土和石灰……）制成的涂料才真正可靠。**它们既不含合成的增塑剂，也不含由石油衍生的防腐剂。

精心挑选室内家居

纺织品中含有阻燃剂

人们常用阻燃剂对沙发、化纤地毯、窗帘和纺织原料进行阻燃处理。“溴化物”被列入POP（持久性有机污染物），最好避免使用，但纺织品的标签通常并不指明产品成分。该如何摆脱这种困境？

折中的解决办法

➡**我选了一张皮质长沙发**（无法确定它没有经过处理），也可以选择**藤椅**。更好的选择是，祖父有一把用**麦秸**和**羊毛**填充的单人沙发，我简单翻修了一下。

➡至于帘子和地毯，同样很难知道我们买的究竟是什么。**我会优先选择柔软**（没有做“抗皱”处理）、天然、可洗的**纺织原料**。

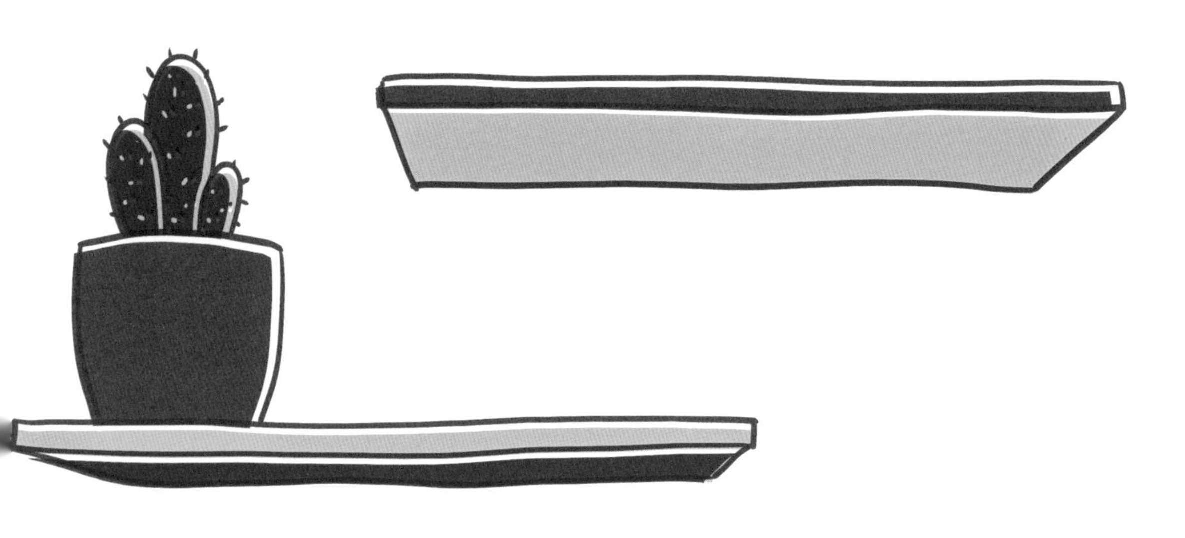

刨花板里的胶可能有害

用胶合板做的置物架和储物家具在加工过程中需要使用胶水，其中一些胶水含有甲醛——一种能引起轻微发炎甚至是过敏的化合物。

解决办法

➡我更倾向于用**原木**或**金属**制成的家具。

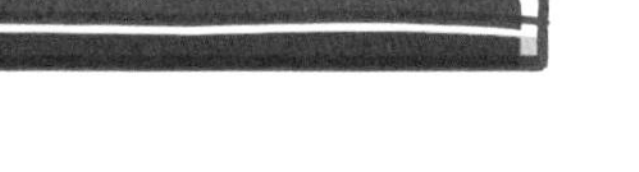

纯塑料装饰不可回收

大量装饰品，如灯座、相框和小摆设都是塑料的。

尽管没有“释放”全部有毒成分，它们的生态足迹仍是负面的：当被人们厌倦或者被打碎后，这些装饰就会被送进垃圾场或者焚化炉，因为它们不可回收。

解决办法

➡**尝试优先选择自制装饰**：把孩子们的画用大玻璃框裱起来，既漂亮又让孩子们有成就感!

➡**选择陶器和用板岩、陶瓷、玻璃或者陶土做成的菜盘垫、灯或花瓶。**此外，我们惊讶地发现，这些可生物降解的材料，不论是来自植物还是矿物质的，都比合成材料更能给室内带来宁静。

➡装修杂志经常推荐一些易于自己操作的“**升级改造**”创意，也就是赋予本应被丢弃的旧材料第二次生命（比如铜管，也许它能变成衣架或者相框）。

➡**在旧货店里**，我们也能找到带有生活痕迹、承载一段往事的室内装饰，它们比批量生产的新式产品更有魅力（从前的小学生书桌、锻铁婴儿床……）。

环保与本土

木头、铜、软木、竹子……许多设计师推荐在本土生产的家具，不但款式新颖，而且材料天然。许多国产家具在实用性、耐用性、环保性以及售后服务等方面有不错的口碑。如背靠新疆丰富的松木资源并且产品设计出彩的美克美家；拥有世界一流的板式家具生产线和实木家具生产线的典美，和搭建国内物流和安装体系的林氏家居等。

在花园

户外客厅家具通常是塑料的，主要成分是聚氯乙烯（PVC）

令人深恶痛绝的材料甚至就明目张胆地摆在方形绿地的正中央。

解决办法

➡如果对旧货还没有太大兴趣的话，花园家具是进入“戒塑”领域中的完美入口！**一张锻铁的桌子和几把锻铁的椅子**还是比一套白色塑料的桌椅更好看！在花坛边上放一把做旧的铁制洒水壶比一把暗绿色塑料的洒水壶更有魅力。

➡**乐华梅兰*等连锁店推出**用木条箱自制家具的**课程或指导**。坦率地说，成品既好看又特别（推荐坐垫！）。

➡对于儿童游戏，可以选择**木质的秋千架**（如果可能的话，最好是本地制造）和织物小屋（或者先用5根树枝搭出圆锥形，然后把一张旧床单丢在上面，孩子们超级喜欢！）

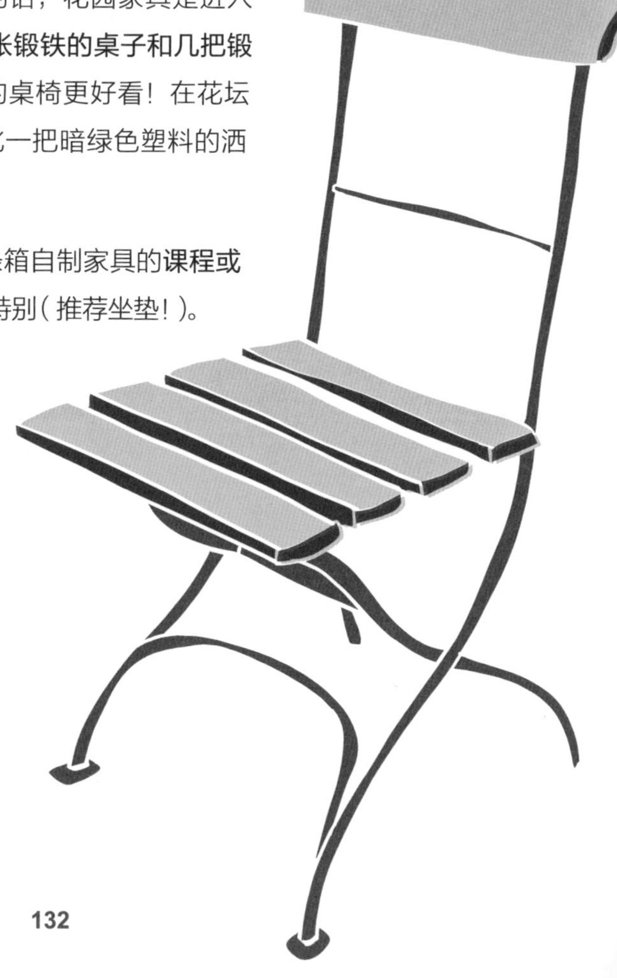

* 注：乐华梅兰集团（Leroy Merlin）是欧洲的大型国际家装建材零售集团。

如何替换园艺工具和浇水管?

我们可以把很多塑料工具换成钢的，但也有一些很难找到不含碳氢化合物的。

解决办法

➡然而还是能找到**不含邻苯二甲酸酯**和重金属的**聚氯乙烯**（PVC）浇水管（德国品牌嘉丁拿就有出售）。

➡对于其他避不开塑料的工具，比如一些电器（刈草机、绿篱机……），**减少塑料消费的最好方法是多个家庭合资购买**，因为其中一些工具我们每年只用一次，这样购买更加明智！比如，我和邻居合买的绿篱机，他每年用三次，而我在一年中只用过一次。

在办公室

好消息：许多你在家改掉了的生活习惯（在厨房、客厅，以及开学时的文具采购等），还会在办公室出现！

优质装备：

➡钢质咖啡机；

➡直饮机；

➡替代一次性杯子的马克杯；

➡可反复使用的文具。

机器和桶装水：避免使用！

显然，在办公室，任何员工都无权独自决定重要改变。但可以通过与员工代表沟通或者从改变自己开始，引起一系列变化，比如，与其每天使用一次性杯子，不如带个自己的茶杯。

塑料饮水机和桶装水，可以改变！

解决办法

➡**提议购买一款接入自来水网的饮水机。**有可以接无汽水和汽水的，台式的或者带底座的，能制热或制冷的 [比如沃特勒（water logic）等品牌]。还能要求什么呢？

交给管理层（或员工代表）的文件

法国零垃圾组织编订了一份名为“零垃圾办公室”（*Zéro déchet au bureau*）的小手册，所有企业都可借鉴。里面有许多给管理者和全体员工的建议，指出不足之处并构建解决方案。例如，打印机的墨盒可以回收。供应商的合作伙伴可以来把它们取走，只需提出要求即可。投资一套基础设施（餐盘、餐具）也相当简单，可避免一次性餐具的使用。

咖啡机是塑料消费的无底洞

解决办法

➡**有钢质和铝质的浓缩咖啡机**，操作和手动咖啡机一样，没有胶囊也没有粉囊包（比如Rok手压浓缩咖啡机）。

➡如果有电热板的话，也可以选择**法压壶**（波顿牌）或者意式咖啡壶。日常的几人份咖啡足够用了。

➡对于50人及以上的团队，**有纯钢和不锈钢的咖啡机**。

1个法国员工

每年制造2~5千克

由一次性杯子产生的垃圾。

要知道

明智的选择：有些机器能感应到马克杯，无需放一次性杯子就可注入咖啡，折扣还很诱人！

在法国，每年有**40亿个一次性杯子在被使用后丢掉**。如果你所在的公司拒绝任何改变，尝试让它购入一台回收一次性杯子和瓶子的装置。以Eco-Collectoor*公司为例，这家公司归置、收集聚苯乙烯（PS）、聚丙烯（PP）材质的一次性杯子和聚对苯二甲酸乙二酯（PET）材质的瓶子，随后转入一系列回收利用工序，将它们变成可以再利用的塑料颗粒。

* 注：Eco-Collectoor公司是第一家回收塑料杯的公司，旨在优化塑料杯的收集和运输，以将其转化为二次原材料。

必须停止使用一次性杯子

一次性杯子是环境的灾难！

在法国，不到

2%

的一次性杯子被回收。

然而根据法国零垃圾组织调查，96%的员工表示已经做好改变流程以优化分类的准备，但只有61%的企业表态会安装瓶子分类的装置。

解决办法

➡清除标有“可回收”或者“可反复使用”的一次性杯子，因为它们终有一日也会变成垃圾。

➡回归玻璃杯和马克杯，为什么不以公司的名义提供并加以个性化设计呢？

办公室装备：材料优质，用品可替换

置备塑料家具，可以停止！

解决办法

➡选择木质和用纸板制作的家具：有设计感、整洁又便宜。

用后即扔，可以停止！

解决办法

➡选择可续装的钢笔、荧光笔和马克笔，这也没什么难的。

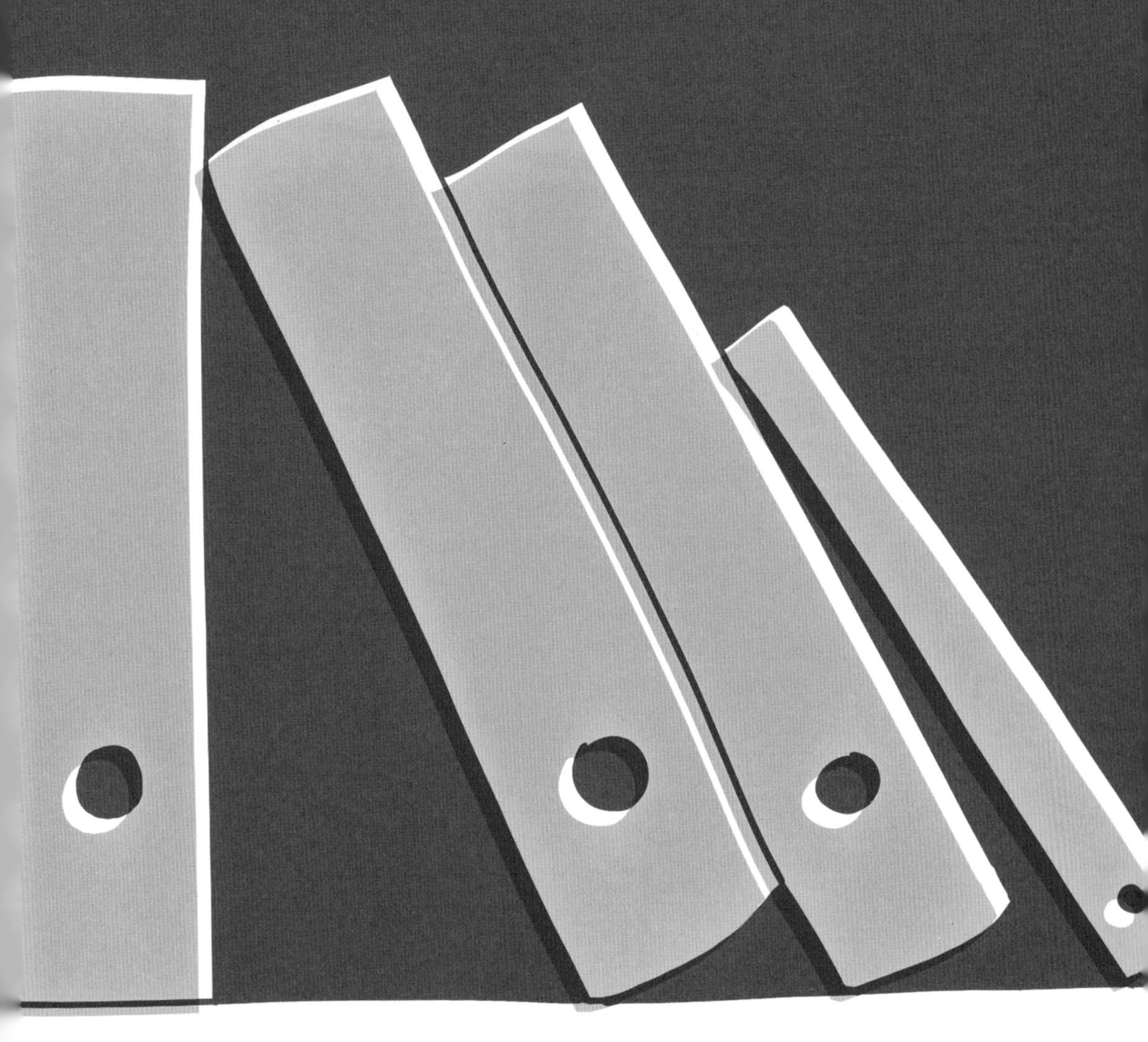

更进
一步……

两个月后……

我打开橱柜，看着装满天然、安全的手工产品（只有1～2件工业制品）的广口瓶、铁盒和纸盒，油然而生的满足感使我备受鼓舞。

掌管8周后的总结

从前……

每周：

- 3×8杯原味酸奶和水果酸奶+各种各样的奶油和新鲜酸乳酪；
- 约15包饼干；
- 5~6袋早餐吃的布里欧修面包和假期吃的谷物；
- 2~3瓶果汁；
- 2箱6瓶装的水；
- 2卷酥挞皮+盒装肥肉丁。

……现在

一周7天：

➡用自制面皮和从肉店买的火腿肉或鸡胸肉**做两个法式咸派或比萨**。

➡**买7杯原味酸奶和水果酸奶**。自制同样的分量，告别奶油。

➡**制作可丽饼或华夫饼的面糊**和至少2个蛋糕。最多买3~4盒预拌粉。

➡早餐**更喜欢吃白吐司、干面包片或新鲜面包**。

➡**优先选择**压榨的**新鲜果汁**。

➡**喝自来水**。

然而与这些小胜利相伴的是没那么有趣的阶段，期间我在思想上有所松懈……

迟疑的时刻

很难做到每天都警惕塑料入侵。想要在生活中持续保持环保习惯，有点类似提防小朋友把什么都往嘴里塞……

➡**有几次我忘记在进超市前拿上自己的纸袋。**还有几次我故意忘带保鲜盒，因为在上周，肉铺新来的伙计用一种奇怪的眼神看向我……我们并不想总是与人争论……

➡必须时刻保持警惕：**买的东西总能把袋子装满。**必须始终准备好在合适的时机说“不用了，谢谢！”。

➡然后是**我大儿子不声不响地重新购买了普通的牙膏**，而我还以为已经用我的小苏打粉末征服了全家……

那些我们微笑着想起的时刻……

好吧，也有一些美好的时刻：是当孩子们拿着被忘在厨房的保鲜盒或者纸袋赶来的时候。

或者是第一次和大儿子、小儿子逛散装称重商店的时候。小儿子想把葡萄干装满广口瓶（当然，他弄得到处都是），而我正试着把白醋倒进一个用手吃力地提在半空中的5升装的桶里……我当然坚持不住，溅得大儿子满头都是。之后我们又换了家散装称重商店，然而这家商店离停车的地方很远，一路把广口瓶和桶拎到车上实在太重了。

……以及让我们想要更进一步的时刻

我读了一篇名字听起来带有攻击性的有关“塑料袭击”的文章。这是一场在超市拆掉购买商品包装的运动，旨在引起经销商和生产厂商的注意，使他们对自己产生的包装负责，在“袭击”的最后人们把这些包装留在现场。

我太想尝试一下了……

组织一场“塑料袭击”！

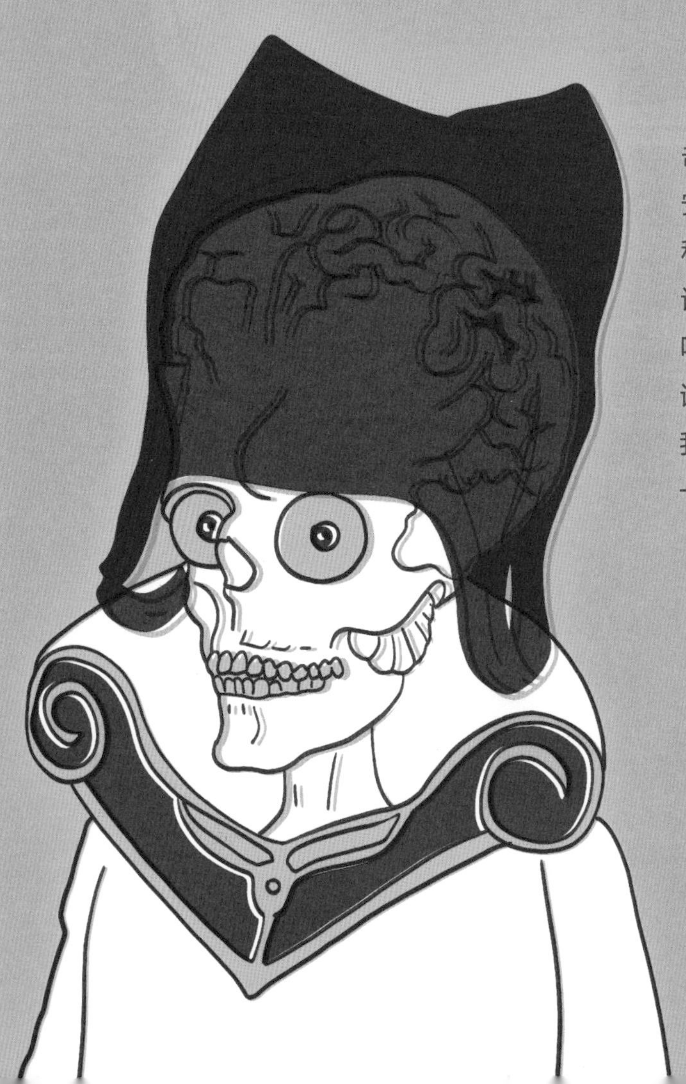

我把组织一场“塑料袭击”的想法与我的两个朋友安妮·洛尔（Anne-Laure）和伊莎贝尔（Isabelle）讨论，她们立刻就加入了。来吧，行动起来！日程表、标语牌和可替换装的马克笔，我们各司其职！实话说，这一点都不难。

行动指南

➡**联系超市的负责人**并向他解释我们希望组织一场活动，以引起人们对过度包装危害的关注。他什么都不用做，我们带来两块信息牌（上面有照片、触目惊心的数据和有趣的口号："散装商品，给我包起来！"）。借两辆手推车来收集无用的包装，守在超市的出口。我联系的超市负责人立刻就同意了，并向我明确表示连锁品牌一直都很关注这个问题。通过脸书联系的法国塑料袭击协会很高兴在他们的行动列表上添上一个市镇，更准确地说是村镇，和一家还没有组织过任何活动的连锁店。

➡**选择一个人流量大的时段。**

➡**提前几天在协会的脸书页面上"创建活动"**，标明时间和地点。这样，附近所有关注这个问题的人都会来购物，装满你的两辆手推车。在我们那儿没什么人响应——我住在一个人口不到5000的小镇里，只有3~4个熟人专程赶来。

行动日

我和两个朋友一起做起了动员。我们在收银台和出口之间把顾客拦下来，让他们和我们一起拆掉包装。**我们所收到的各种反馈相当令人难以置信！**

毫不在意者

他们是包装的奴隶。虽然没人反对我们的活动，但有大量顾客来购物时手推车里既没有袋子，也没有纸箱或草编手提包，这是非常不可思议的！他们在结账前把所有东西都拿出来，付款时再全部重新装回去，然后到车的后备箱前再一次全部拿出来。显然，他们认为过度包装（比如一个吸塑包装包三包化妆棉）是有用的。我们听到有人说“这很方便”。在向他们提议更多的安排方式之前，最简单的办法就是劝说他们带上自己的购物袋。

无动于衷者

他们“没时间”。对任何理由、任何斗争……他们从来都没空。他们甚至连讲道理的开头都不想听，他们对此“没兴趣”。

友善者

他们没理解到点子上，但却很友善。一位可爱的先生递给我们两盒古斯米*。额……感谢，但我们不是“食品银行”的！还有之前表示很关注这个问题的超市负责人，他向我们发表了一段相当奇怪的演说。他认为包装是不可避免的（“否则我们会把酸奶弄洒”）。好吧，我们没说要取消一切包装，更何况通常用来包酸奶的是纸板而非塑料。

已然信服者

比如这位老妇人，她悄悄对我说：“我去度假的时候，什么样的包装我就丢到什么垃圾桶里！”其他人也都上了岁数，他们表示对所遭受的指责很不满。“如果塑料泛滥，不应该再说这都是消费者的错。”我们很同意。“已然信服者”从不忘记带上自己的购物袋，通常是纸的或者布的。

---

* 注：古斯米，又意译为蒸粗麦粉，一种以小米和蔬菜为主料的食品。

* 注：食品银行是接济穷人、发放食物的慈善组织。

他们通常以另一种方式（社区维持农民农业协会、直销）消费，并对散装称重商店的地址了如指掌……他们转遍生活的区域，找到解决办法。

优等生

我们对这些人稍作打击。他们自信满满地表示：“没有问题，我在家里分类做得很好，从没有一个瓶子越界！”好吧，你知道回收利用不是万能的吗？你知道这作为解决办法作用也是相当有限的吗？所以，回收并非万事大吉！

阴谋论者

好吧，我们只遇到一位。他声称在塑料加工业工作，他悄悄地对我们说“企业家对我们说了谎”。这是真的吗？

“尤其是要引起孩子们”的关注……

这是超市负责人说的。之所以把它框出来，是因为听到如此荒谬的说法，令人震惊！瑞秋（Rachel）10岁，是我朋友伊莎贝尔（Isabelle）的女儿，坚持要来和我们一起组织活动。借此机会，她画了一幅超棒的画，名为“塑料袭击”。瑞秋的年纪很小，但她什么都明白。还有我的儿子亚瑟（Arthur），他今年11岁。孩子们不需要我们把属于常识的相当简单的事情向他们解释个10遍。你给他们3个有关塑料、地球和健康的数据，他们就会选择玻璃瓶装的柠檬汽水，并告诉你我们应该为恢复押瓶制度而积极活动。企业家和经销商才是应该增强责任感的，塑料生产集团应遭受谴责并规范自己的行为。

总之，两个小时的“塑料袭击”使我们了解了当代人的态度，看到了公民之间不同的认知水平，有人知识完备，有人亦步亦趋，有人置若罔闻。

活动总结

伊莎贝尔（ISABELLE）

“我很高兴参与其中，因为我认为我们通过揭露过度包装、推行新的生活方式……真正开始唤醒某些意识。不论得到支持还是遭到反对，这种行动都能引起关注，使我们能撒下些环保的种子！”

安妮·洛尔（ANNE-LAURE）

“参与组织一次‘塑料袭击’，也是面对参差不齐的认知水平的机会。给我感触最深的是，大部分我们遇见的人都会和我们说起垃圾分类，并向我们解释他们在这方面做得有多出色而想要使我们放心。

塑料生产集团竭力将自己过度使用塑料造成的问题转移到消费者的个体责任上的行为令人感到愤慨。所以我们必须继续站出来、引起关注、经常光顾替代性的消费场所（社区维持农民农业协会、散装称重商店和直销生产者等）。因为如果我们是真正负责任的消费者，我们的环保行为不能止步于选择性分类的边缘！”

关于继续深入的几点想法

大多数减少塑料消费的行为都是由个体展开的。但幸运的是，一些活动可以多人共同开展。

平摊

我住的那条街有大约15户人家，应该有6～7把收在车库里的绿篱机。每个所有者为这件每年最多拿出来1～2次的漂亮工具花费了三百多元。坦率地说，这很明智吗？

我们决定和友善的邻居一起**组团购买**，以限制车库里发动机的塑料外壳的重量（草坪修边机，刈草机……）。物品的成本和消耗由两家平摊，当然也可以3～4家一起，这样更好不过了。

出借

为避免只是简单地购买，我们也可以使用交换系统（法语全称système d'échange local，首字母缩写SEL在法语中是“盐”的意思）。法国的一个由众多协会组成的系统，协会中的每个人向他人提供自己的技能或物品。通常开始时你有100颗盐粒作为本金，当然是虚拟的。当你需要一种工具或者一项服务时（比如清除花园里的丛枝灌木、修理电视机，或者在短时间内借用一种物品），根据所获取的服务付出10、20或30个盐粒。反过来，通过提供服务或物品，你也将挣得盐粒，但对方不一定是之前向你提供过服务的人。根据情况，你可以帮某人填写一份行政文件、带他去采购甚至请他吃你花园里的李子。

修理

改变我们的思维方式，**停止丢弃不再好用的东西**。试着修理或者改造旧的或者被打碎的物品。“修理咖啡馆”在法国的众多城市纷纷开业。家用电器、计算机、衣服……这些咖啡馆里常常汇集了各种材料和各种各样的人才：裁缝、电工、自行车修理工和熟练的杂修工。

积极活动

有许多可以加入的组织，你能在其中找到志同道合的人，从他们身上获取动力和各种新想法。我只在这里列举其中的两个：

➡**法国零垃圾组织**：它的成员在全球范围内对抗垃圾泛滥的行动。

➡**无塑料食堂**：它抗争数月终于争取到在法国学校食堂内对塑料的禁用，禁令于2018年9月14日经法国国民议会投票通过。由于他们的抗争，最晚在2025年将迎来“使用塑料容器烹饪或加热”的终结。

共同经营一家可以参与和合作的超市

在一些大城市里有这样的超市，他们的首要目标通常是通过摆脱普通渠道来购买当地的有机产品。在成为会员后，我们可以推进所希望的改变发生，比如减少塑料包装。

我的嫂子玛丽（Marie）加入了法国波尔多的大卖场（Supercoop）。它成立于3年前，目前有600个会员。每人每年交纳864.53元，之后可以在那里采购。每月必须抽出3个小时来负责接待、收款、摆货、清理、核对交付的货品、切分奶酪并装进真空包装、贴标签或管理库存。有很多散装称重出售的产品，没有塑料包装的固体个人洗护用品（香波和牙膏），以及瓶子必须退还给生产厂家的当地产啤酒。这是一个趋向于“减少垃圾”的运作方式，没有被形式化，也没有成为Supercoop公开宣称的目标，但却在本地有机购买后顺理成章地实现了。

结论

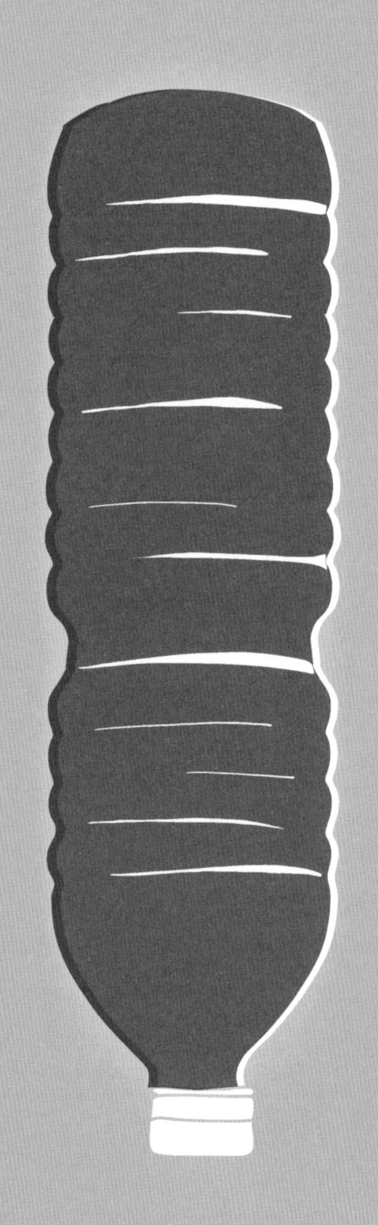

“塑料的制造、分销、消费和贸易体系——实际上我们的全球经济体系——都需要改变。……‘计划性报废’的线性模型，即在使用后立即丢弃，有时甚至短至数秒，必须改变。……政府必须推动这一变革，让制造商考虑其产品的生命周期。”

这段话既不是一个持环保主义观点的议员所说，也并非出自法国零垃圾协会的积极分子之口。而是取自联合国在2018年6月发布的报告（准确地说是中文版第8页）。看到素来以观点谨慎闻名的世界组织这么说，令人感到欣慰。

颠覆世界产量曲线

当务之急最必要的是**减少塑料产量**，这是完全正常、合理且明智的。

如果塑料生产的增长水平持续保持当前速率，**那么2050年塑料产业可能占全球石油消费总量的20%**。

应该停止把责任推卸给消费者的行为，循环再生不应被政府当作唯一的解决方案进行宣传。除此之外还有其他一些我们不可忽视的办法。

联合国表示：
到2030年，全世界每年可生产**6.19亿**吨塑料。

恢复押瓶制度

很合理。不再为了重新生产玻璃而打碎玻璃，而是重复使用。

让企业家面对自己的责任

德国、日本，特别是南非建立了由制造商对旧聚对苯二甲酸乙二酯（PET）塑料瓶回收利用的制度，使他们对自己的产品负责。

说服或者强制企业改变模式……

联合国报告特别主张终结一次性塑料，承认这很难使企业有所行动："循证研究也有助于消除来自塑料行业的反对声音。"

这些研究已经展开，研究结果为公众所知，但没有对那些只看短期数据和股价指数的人的行为引起丝毫改变。

所以联合国提倡“为行业提供激励措施”，提醒“政府将面临来自塑料行业的阻力，包括塑料包装的进口商和分销商”。

……重新激发政府活力

有些政策正在推行，但进展过于缓慢，而且并不总是向着好的方向发展。

发挥消费者的力量

➡**改变消费方式。**

➡**抵制某些**近几十年来都无视环保问题的**品牌**（参见“塑料，无处不在”）。

➡**给经销商施压**，比如可以定期举行“塑料袭击”（参见“更进一步”）。

➡考虑替代性解决方案，**注意不会在其他领域引发问题**：水资源、化石能源、二氧化碳的产生和全球气候变暖……比如，美国停止使用塑料袋导致纸袋消耗量增加4倍，苏珊·弗赖恩克尔（Susan Freinkel）在《塑料秘史，一个有毒的爱情故事》（*Plastic, a toxic love story*）中写道。然而纸消耗的能量更多，它的生产过程需要大量的水。总之，对个人而言，要重新找回一种朴素的作风，并在品牌和广告面前重获自由意志。

根据法国环境能源监控署的统计，通过改变习惯，我们每人每年**可节约高达3922.40元。**

资料来源和参考书目

第一部分

参阅：

➡《塑料秘史：一个有毒的爱情故事》(原版)，苏珊·弗赖恩克尔，霍顿·米夫林·哈考特出版集团，2011.

➡《塑料炎症，塑料正如何影响地球和人体的健康》，何塞·巴雷托博士，Kindle版，2015.

➡《塑料星球》，维尔纳·布特、格哈特·曹瑞亭，南方文献出版社，2010.

➡《有史以来所有塑料的生产、使用和处理》，罗兰·盖尔、詹娜·詹姆贝克、卡拉·拉文德·劳，文章刊于《科学进展》，19/07/2017.

➡《2011年法国环境污染物对孕妇的影响》，法国公共卫生总局，2016 .

➡《塑料的现状——2018年世界环境日展望》，联合国环境规划署.

➡《清洁扫除行动》，欧洲塑料制造商协会，2017年报告.

➡《激素破坏手册》，环境女性协会与魁北克教育、娱乐、体育部和魁北克大学蒙特利尔分校电视大学合作出版，2009 .

观看：

➡《现金调查：塑料，剧毒》，桑德琳·里戈，法国第二电视台，2018年9月.

➡《明天》，席里尔·迪翁和梅拉尼·罗兰，2016.

第二部分

参阅：

➡《环保书，如何成为不惹人讨厌的环保主义者》，叶子教授，第一出版社，2017.

➡《零垃圾家庭》，热雷米・比申和贝内迪克德・莫雷，蒂埃里・苏卡，2016.

➡《零垃圾》，卡米尔・拉蒂亚，吕斯蒂卡出版社，2018.

➡《零垃圾》，贝亚・强森，已读出版社，2013.

➡《零塑料，零毒素》，阿琳・古卜里，蒂埃里・苏卡，2017.

更进一步

推荐阅读：

➡《塑料海洋》，查尔斯・穆尔（原版），企鹅兰登书屋，2011.

推荐观看：

➡《塑料王国》，王久良，2016.

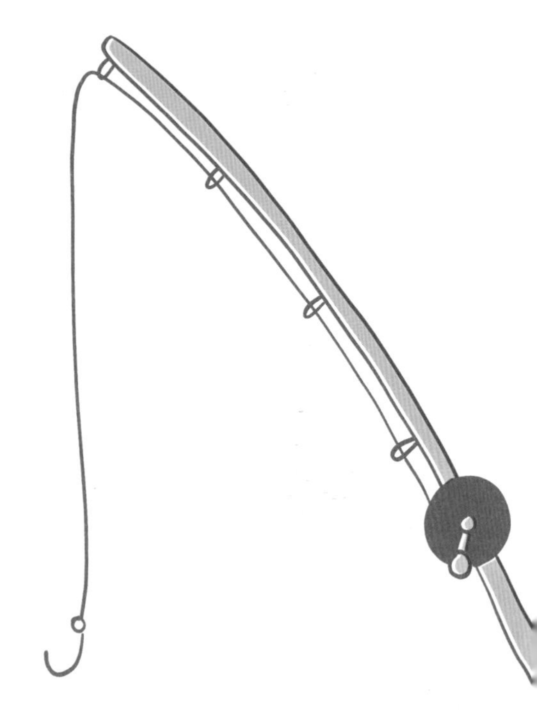

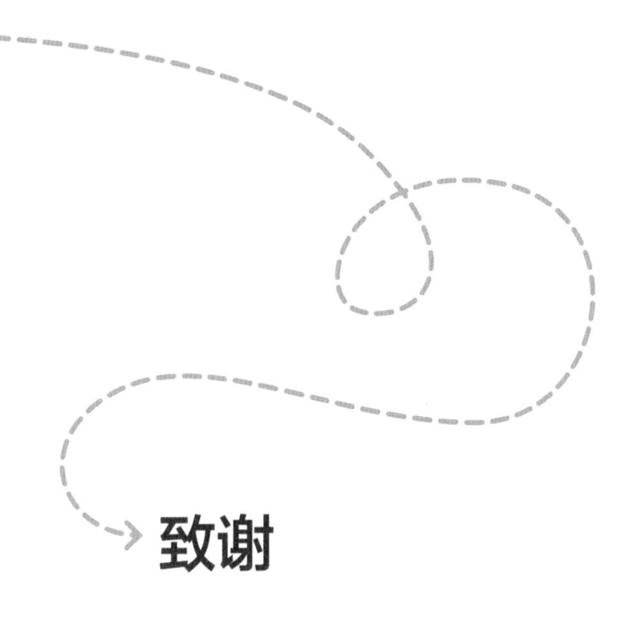

致谢

把**全部感谢**献给我的朋友伊莎贝尔（Isabelle）、安妮·洛尔（Anne-Laure）、菲利普（Philippe）和洛伊克（Loïc），感谢他们的倾听、支持和在“塑料袭击”中的参与（特别感谢Rachel）。

献给阿诺（Arnaud），感谢他的鼓励以及我们之间展开的讨论。

献给马修（Matthieu）和玛丽（Marie），感谢他们替我做的测试！

最后献给我的孩子们，他们总能提出非常好的问题，没有过多抱怨就同意放弃了许多无效（但却那么诱人）的产品。

有任何意见和想法

请写信给我！sophienoucher@gmail.com。